做个内心强大的女人

莘　子　编著

吉林文史出版社

图书在版编目（CIP）数据

做个内心强大的女人 / 莘子编著. -- 长春 : 吉林文史出版社, 2020.5（2024.8重印）

ISBN 978-7-5472-6799-8

Ⅰ. ①做… Ⅱ. ①莘… Ⅲ. ①女性－自信心－通俗读物 Ⅳ. ①B848.4-49

中国版本图书馆CIP数据核字(2020)第048532号

做个内心强大的女人

ZUOGENEIXINQIANGDADENÜREN

编　　著　莘　子

责任编辑　张雅婷

封面设计　末末美书

出版发行　吉林文史出版社有限责任公司

地　　址　长春市福祉大路5788号

电　　话　0431－81629353

网　　址　www.jlws.com.cn

印　　刷　北京永顺兴望印刷厂

开　　本　880mm × 1230mm　1/32

印　　张　4

字　　数　80千

版　　次　2020年5月第1版　2024年8月第2次印刷

定　　价　19.80元

书　　号　ISBN 978－7－5472－6799－8

前言

“像你那样云淡风轻地笑，究竟要有多么强大的内心才能做到？”现在的社会要求女人越来越独立，不管你有没有拥有足够多的外在物质，内心强大才是真的强大。只有心理上变得强大起来，你才能战胜外在的困境。一个内心强大的人，才能真正无所畏惧。也只有内心的强大，我们在生活中才会处之泰然，宠辱不惊；即使身处恶劣的环境，也能让自己活得精致优雅。自我的修养、精神的塑造、心性与心的锤炼，使我们的内心真正强大起来。当我们真正拥有强大的心灵，才不会受到任何外物的干扰。

何为内心强大的女人呢？内心强大的女人，时时刻刻让人仿佛沐浴春风，她们是那样的活力四射、美丽剔透，如天使一样宽慰人心。尽管她们没有倾城的美貌和妩媚的身姿，但是她们积极的心态总是带给人无尽的享受。她们有着智慧的头脑、迷人的气质、得体的举止、高雅的品位和独到的见解。她们的美是由内而外慢慢渗透的，具有摄人心魂的魔力。她们自信而大方，底气十足，即使不动声色，也能够恰如其分地展现出美妙的情致。她们面对坎坷与不幸，不会低头，不会一蹶不振，而是用自己强大的内心去应对，去迎战！她们是内心强大的女人，能够以积极的心态感染周围的人；她们如同冬日暖阳的化身，明媚而温和，仿佛可以驱走一切黑暗和寒冷。

内心强大的女人，懂得悦纳自己。她们常常阅读自己的内心，试着了解自己的特质。她们不惧面对自己负面的人格特质，立志于剔除骨子里的心高气傲，摈弃以自我为中心的狭窄视角。内心强大的女人，是自己的心灵雕塑师，执一把雕刻刀，随时完善着自己的性格和修养。她们对待生活有着独到的领悟，无论是绚烂还是平淡，都能够找到属于自己的舞台，演绎出独特的人生。内心强大的女人，有着成熟的心智，能够自如地控制自己的情绪，有“泰山崩于前而色不变，麋鹿兴于左而目不瞬”的笃定性格。她们褪去了浮躁和激进，多的是风雅与娴静。

女性朋友们，做个内心强大的女人并不是遥不可及的梦想。在成功学大师戴尔·卡耐基看来，每一个女人都有使自己坚强、自信、无所畏惧的潜能。当然，这是一个漫长的修炼与积累的过程，相信每一个女人只要不断地学习和补充，灵活、明智地运用一些行为准则和做事指导，都会成为一道靓丽的风景，优雅地行走在蜿蜒曲折的生命之路上，开启一个崭新的人生。

目 录

第一章 世间纵有万般薄情，终究抵不过你温暖前行…… 1

戒除批评、责怪和抱怨 …………………………… 1

真诚地赞赏、喜欢他人 …………………………… 3

不要争论不休 …………………………………… 6

发自真心地请别人帮忙 …………………………… 8

建议永远比命令更有“威力” ……………………… 10

第二章 能一个人精彩，才能与全世界相爱……………… 14

拥有自信，消除恐惧 ……………………………… 14

能听意见，也有主见 ……………………………… 17

学会喜欢自己 …………………………………… 20

适应不可避免的事实 ……………………………… 21

不为打翻的牛奶哭泣 ……………………………… 24

第三章 你的美貌，不敌你的热闹……………………26
举手投足尽显风雅 ……………………26
做一个有格调的女人 ……………………28
好性格使你幸运 ……………………31
做自己情绪的主人 ……………………34
保持快乐与活力 ……………………36
第四章 生活不如想象中美好，但不妨碍你热爱它………40
选好自己的伴侣 ……………………40
健康女人，平安快乐 ……………………44
让真爱与你同行 ……………………46
保持自我 ……………………50
与人为善会使自己快乐 ……………………52
第五章 谢谢你能来，也不遗憾你离开……………………55
做有情调的女人 ……………………55
为悦己者容 ……………………57
羞涩的诱惑力 ……………………60
用柔情结网 ……………………64
保持独特魅力，让男人着迷 ……………………66

第六章 情场不输人，职场不输阵 …… 71

鼓励他从事合适的职业 …… 71

帮丈夫确定目标 …… 75

称赞他的进步，激励他获得成功 …… 78

第七章 你的独立，就是你的底气 …… 82

工作着的女人有魅力 …… 82

心中要有目标 …… 84

高情商女人容易赢得成功 …… 88

女人的职场第一原理 …… 92

认真做好每一件事 …… 98

第八章 幸福没有捷径，只有经营 …… 103

高效率处理好家务 …… 103

喋喋不休是幸福婚姻的禁忌 …… 105

别做婚姻的文盲 …… 107

在生活的细节中体贴他 …… 111

教育子女责无旁贷 …… 115

第一章

世间纵有万般薄情，终究抵不过你温暖前行

处世让一步为高，退步即进步的资本；待人宽一分是福，利人是利己的根基。

——［中］洪自诚

戒除批评、责怪和抱怨

从心理学角度看，每一个人都害怕受到别人的指责，包括女人，也包括男人，男人更害怕来自女人的指责。所以，作为女人，还是戒掉批评、责怪或抱怨为好。

批评、责怪、抱怨在别人的身上是一点儿都不会发生正面作用的，相反，副作用却让人感到可怕。一个心理学家曾说："因批评而引起的羞愤，常常使雇员、亲人和朋友的情绪大为低落，并且对应该矫正的事实状况，一点儿也没有好处。"

女性都会有这样的经历，当你指责你的男友时，得到的基本上就是沉默。除了沉默，还会有反唇相讥、振振有词。这意味着什么？是对指责的对抗，尽管他深爱你，尽管的确是他的错。

林肯开始并不完美，年轻时他喜欢批评人，他常把写好的讽刺别人的信丢在乡间路上，好让当事人发现。做见习律师时，喜欢在报上公开抨击反对者，虽然只是偶尔。有些行为导致的后果，他刻骨铭心，永生难忘。

1842年秋天，他又写文章讽刺一位自视甚高的政客詹姆士·席尔斯。他在《春田日报》上发表了一封匿名信嘲弄席尔斯，全镇哄然引为笑料。自负而敏感的席尔斯当然愤怒不已，终于查出写信的人。他跃马追踪林肯，下战书要求决斗，林肯本不喜欢决斗，但迫于情势和为了维护荣誉，只好接受挑战。他有选择武器的权利，由于手臂长，他选择了骑兵的腰刀，并且向一个西点军校毕业生学习剑术。到了约定日期，林肯和席尔斯在密西西比河岸碰面，准备一决生死。幸好在最后一刻有人阻止他们，才终止了决斗。

这是林肯终生最惊心动魄的一桩事，也让他懂得了如何与人相处的艺术。从此以后，他不再写信骂人，也不再任意嘲弄人了。也正是从那时起，他不再为任何事指责任何人，包括南方人，当自己的夫人极力谴责南方人时，林肯说：“不用责怪他们，同样的情况换上我们，大概也会如此而为。”他最喜欢的一句名言是：“你不论断他人，他人就不会论断你。”惨痛的经验告诉他：尖锐的批评和攻击，所得的效果都等于零。

人就是这样，做错事的时候不会主动去责怪自己，而只会怨天尤人，我们也都如此。而我们想指责或纠正的对象，他们会为自己辩解，甚至反过来攻击我们，或者他们会说：“我不知道所做的一切有什么不对。”

假如你想招来一个人对你至死难忘的怨恨，只要发表一点儿刻薄的批评就可以了。也就是说，只有不够聪明的人才批评、指责和抱怨别人。

但是，要做到“不说别人的坏话，只说人家的好处”、善解人意和宽恕他人，是需要有修养自制的功夫的。

女人要记住，待人处世的第一大原则就是不要批评、责怪或抱怨他人。

真诚地赞赏、喜欢他人

我不知道阅读这本书的你是否会和我有一样的想法，但在开始这个话题之前，我想先问你们一个问题：“你认为世界上促使人去做一件事的最有效的方法是什么？”我相信你们会给出各种各样的答案，但我想说的是，真正可以让别人做事的唯一办法就是，赐给他们想要的东西。疑问又来了，一个人到底最想要什么呢？

有人说“食欲、性欲、求生欲”是人类的三大本能，其实人们实现自我价值的迫切热望绝对不亚于这三大本能。林肯曾经提到“人人都喜欢受人称赞”，美国心理学家威廉·詹姆士也曾经说过：“人类本质里最殷切的需求就是渴望被人肯定。”

每个人，当然包括男人和女人，都希望自己受到别人的重视。尤其是男人，他们更希望能够引起女性的重视，更希望从女性那里获得满足这种“我很重要”的感受。作为一名女性，如果你想与别人相处得十分融洽，如果你想成为一个受欢迎的人，那么你首先要做的就是满足他们的这种心理，你最好的选择就是真诚地赞赏他们。

真诚地去赞赏别人还直接关系到你是否能找到一个称心如意的伴侣或是拥有一个美满幸福的家庭。所以，需要告诫女性的是，当你和你的男友或是丈夫相处时，如果你想让你们彼此都拥有幸福的美好感觉，那么你最应该做的就是去真诚地赞赏他。不过，你能够真诚地去赞美他的前提则是必须真心地喜欢他。

当然，女性在生活中接触更多的可能还是同性朋友。而女人对这种赞美声的渴望绝不亚于男人，而且还更甚。

真诚地赞赏和喜欢他人，是女性处理人际关系最好的润滑剂。

1921年，安德鲁·卡耐基提名年仅38岁的查理·夏布为新成立的“美国钢铁公司”第一任总裁，使得夏布成为全美少数年收入超过百万美元的商人。

有人会问，为什么卡耐基愿意每年花100万美元聘请夏布先生？难道他真的是钢铁界的奇才？其实在夏布手下工作的很多人对于钢铁制造要比他懂的多得多，但为什么偏偏是他取得了这样的成绩？主要是因为他非常善于处理和管理人事。夏布处理和管理人事的窍门就是：赞赏和鼓励是促使人将自身能力发挥到极限的最好办法。

如果说我喜欢什么，那就是真诚、慷慨地赞美他人。

这两句话是夏布成功的秘诀，而事实上，他的老板安德鲁·卡耐基也是凭借这一秘诀获得成功的。夏布曾经说，卡耐基先生十分懂得在什么时候称赞别人。他经常在公共场合对别人大加赞扬，当然在私底下也是如此。

永远不要忘记，在人际交往的过程中，我们接触的是人，是那些渴望被人赞赏的人。使与你交往的人欢乐，是人类最合情也是最合理的美德。因为伤害别人既不能改变他们，也不能使我们自己得到任何好处。

男人和女人也没有什么不一样。因此，一定要记住，待人处世最重要的一点就是发自内心地、由衷地、真诚地赞赏和喜欢他人。

不要争论不休

有一次卡耐基参加一个宴会。宴会开始后，坐在卡耐基旁边的一个人给他们讲了一个很有趣的故事。那个人在讲的过程中，说了一句话。也许是为了卖弄，也许是为了增强说服力，总之他非常自信地说：“这句话出自《圣经》。”

事实上是那句话和《圣经》一点儿关系都没有。他说错了，卡耐基肯定他说的是错的。卡耐基指出了他的错误，告诉他，这句话是莎士比亚的著作，而并不是他所说的《圣经》。但那个人太固执了，他坚持认为自己的观点是正确的，甚至还愤怒地说：“你说什么？你说这句话出自莎士比亚？简直是天大的笑话，这句话绝对出自《圣经》。”为此，两个人争论得不可开交。

他们两个争论了很长时间，谁也不能说服谁。当时卡耐基的一个老朋友就坐在讲故事的人的右边，他可是个研究莎士比亚的专家。所以，他们决定找他做裁判，来证明一下，到底谁是正确的。

然而他却说：“很遗憾，戴尔，这次你错了，这位先生是对的，这句话的确出自《圣经》。”

在回家的路上，卡耐基问他：“你明明知道，这句话的确出自莎士比亚。”老朋友点头，说：“的确，你没有错，但我们只是一个客人，为什么要证明他是错的？为什么不去保住人家的面子？你为什么要与人争论？这难道能使他喜欢你？记住，永远避免正面冲突。”

事实上，争强好胜并不是男人的专利，女人同样也有这样的心理。而且，单从互相攀比的心理来说，女人可能比男人还要多一点儿。从心理学角度说，女性的虚荣心理往往比男性要强，而她们的自尊也往往要强于男性。在这种心理的支配下，很多女士都希望在特定的场合，尤其是在众目睽睽之下，证明别人是错的，自己是对的。不过，没有人希望自己的权威和尊严受到挑战。当你试图要改变别人的想法时，一般人都会固执己见，坚决不做出任何退让。这时，有些好胜的女性也不甘心落后，于是选择了与别人争论，而且一定要争论出个结果来。

大家可以试着努力地去寻找一些争论不休能给人带来的好处，看看会不会有结果。富兰克林曾经说：“如果你辩论、争强、反对，你或许有时会获得胜利。不过，这种胜利是十分空洞的，因为你永远得不到对方的好感。”

你在与人交际的过程中，你在为人处世的过程中，妄图通过争论来改变对方的想法，这种做法是十分不恰当的。虽然你也许是对的，或是你根本就是绝对正确的，但是你在改变对方的思想这方面，可以说是不会有结果的。

你为什么还要去争论，你能从中得到什么。有两个结果摆在你面前，一个是暂时的、口头的胜利；另一个是别人对你永远的好感。不知道你会选择哪一个？

实际上，那些真正成功的人是从来不喜欢争论的。

发自真心地请别人帮忙

每个人，包括你和我，也包括男人和女人，都渴望得到别人的欣赏和尊重，特别是得到那些成功人士的欣赏和尊重。

富兰克林年轻时，在印刷业就已经小有名气了。然而，他非常热衷于政治，十分渴望得到费城议院秘书这个职务。不过，就在他竞争这个职务的过程中，遇到了一点儿麻烦。在费城的议会里有一个地位显赫的人对他非常不满，甚至还曾经公开诋毁他。富兰克林知道这是一件非常棘手的事情，所以他决定让那个人喜欢上自己。

怎么能让一个讨厌自己的家伙喜欢上自己呢？这简直是天方夜谭！这对大多数普通的人来说是件不可思议的事，但是对于富兰克林来说，却并不是一件很难的事，因为他的确做到了。

富兰克林给这个人写了一封信，信上说请求他帮助自己一个小忙，因为自己非常想阅读一本书，但是这本书自己怎么也找不到。同时，富兰克林还表示，希望那个人能够帮自己找到这本书，然后让自己借阅两天。结果，那个本来很敌视富兰克林的人很快就把书给他送来了，而富兰克林也在一个星期后把书还给了他，并且附上了一封感谢信，尽管谁也不知道他是不是真的看了这本书。

知道以后发生了什么吗？那个人居然在一次聚会中主动和富

兰克林打招呼，而且还亲切地和他交谈。之后，两个人成了非常要好的朋友，这段友谊一直持续到富兰克林去世。

适时地、巧妙地请求别人帮助，并不是一种无能的表现，相反是一种高明的手段。一个成功的女性应该让所有的人都喜欢你，这里面既要包括你的家人和朋友，也要包括你的对手。你要像推销商品一样把你自己推销给他们，让他们接受你，当然前提必须是以你的魅力感染他们。

凯丽是一位推销水暖器材的推销商，进入推销界也已经有很多年了。有一年，她在布鲁克林区推销业务的时候遇到了一个难题，应该说是一个很大的难题。

布鲁克林区当地有一名水暖器材销售商，生意做得非常大，而且在当地的信誉也非常好。凯丽是个很有经验的推销员，当然不会轻易放过这样一个绝佳的机会。她几次登门拜访，希望能够说服他与自己签订业务。可是，这个家伙的脾气却非常不好，每当凯丽来找他的时候，他总是叼着雪茄，然后不可一世地吼叫道："给我滚出去，你这个没见过世面的乡下姑娘，我现在什么都不需要。"

凯丽碰了几次壁以后，知道自己再这样下去永远不会拿到想要的订单。于是，她想到了一条妙计，一条非常好的妙计。

这天，凯丽又一次敲开了经销商办公室的门。还没等那个经销商开口说话，凯丽就马上说道："请原谅，先生，我今天并不是来向你推销什么东西的，我只希望能请您帮我一个小忙而已。”

“哦？是吗？不知道有什么可以为尊贵的小姐效劳？”销售商今天的态度非常好。凯丽笑着说：“是这样的，先生，我们公司打算在这里成立一家分公司，但是您知道，我对这里的情况并不熟悉，而您却在这里干了很多年。因此，我希望能够从您那里得到一些非常好的建议，对此我将感激不尽。”

“哦，是的，我很愿意效劳，而我也确实对这里比你熟悉得多！还愣在那里干什么？赶快拿把椅子过来，我觉得你这个忙我一定可以帮！”接着，这位前几天还脾气暴躁的销售商，今天却慈祥得像一个长辈一样。

就在那天晚上，凯丽从这名经销商那里得到了很好的建议，也得到了一个数目不小的订单，更赢得了一份珍贵的友谊。

但这种“请求别人帮助”必须有一个大的前提，那就是要发自真心的、真诚的。你对别人的欣赏和尊重并不等同于吹捧和阿谀献媚，千万不要为了获得别人的好感而去一味地奉承别人，因为那样会使你看起来非常虚伪。

建议永远比命令更有“威力”

一天，一个学生把自己的车子停错了位置，因此挡住了其他人的通道，至少是挡住了一个教师的通道。那名学生刚进教室不久，一个女教师就怒气冲冲地冲了进来，非常不客气地说：“是哪个家伙把车子停错了位置，难道他不知道这样做会挡住别人的通道吗？”

那名学生其实当时已经意识到了自己的错误，于是他勇敢地承认了那辆车是他停的。这时，这位老师像对待“凶手”一样，大声地说道：“我现在要你马上把你那辆车子开走，否则的话，我一定让人找一根铁链把它拖走。”

的确，那个犯错的学生完全按照教师的意思做了。但是从那以后，不只是这名学生，就连全班的学生都似乎开始和这个老师作对。他们故意迟到，还经常捣蛋。在那段日子里，那位脾气很大的老师确实真够受的。

那位老师为什么要用如此生硬的话语呢？难道她就不能友好地问：“是谁的车子停错了位置？”然后再用建议的语气让那名学生把车子开走吗？我想，如果她真的这么做了，相信那名犯了错的学生会心甘情愿地把车子开走，而她也不会成为学生们心目中的公敌。

女人要改掉喜欢命令别人的作风。不命令他人做什么，而是改用建议，这种做法更容易使一个人改正错误。这样做，无疑维护了那个人的尊严，也使他有一种自重感。他也将会与你保持长期合作，而并不是敌对。伊丽莎白是英国一家纺织厂的总经理，应该说她是一个精明能干的女性。有一次，有人提出要从他们的工厂订购一批数目很大的货物，但要求伊丽莎白必须保证按期交货。其实，这个人的要求有些过分，因为那批货确实数目很大，而且工厂的进度早就已经安排好了。如果按照他指定的时间交货，虽然不是不可能，但那需要工人加班加点儿地干。

伊丽莎白是想接受这项业务的，但她也考虑到这可能会使工人有怨言，甚至给自己招来一些不必要的麻烦。她知道，如果自己生硬地催促工人们干活，那么肯定会使自己陷入尴尬的境地。

这时，伊丽莎白想到了一个方法。她把所有的工人都召集到了一起，然后把这件事的前前后后都说得非常清楚。伊丽莎白说："这项业务我想接下来，因为这对我们工厂的发展有好处，而你们所有人也都能获得利益。不过，我现在很犯难的是，我们有什么办法可以达到这个客户的要求，做到按期交货呢？"接着，伊丽莎白又说："我真的不知道该怎么办，你们有谁能想出一些办法，让我们能够按照他的要求赶出这批货来。我想你们比我更有发言权，你们也许能够想出什么办法来调整一下我们的工作时间或是个人的工作任务。这样，我们就可以加快工厂的生产进度了。"

员工们在听完伊丽莎白的建议后，并没有发牢骚或是抗议，相反却纷纷提出意见，并且表示一定要接下这份订单。工人的热情很高，都表示他们一定可以完成任务。更加让伊丽莎白吃惊的是，有人居然还提出愿意加班加点儿地干，目的就是要完成这项订单。

事后，伊丽莎白和她的朋友说："那一次，工人们的举动真的令我太感动了，我真的不知道该怎么感谢他们。"她的朋友回答说：“伊丽莎白，这是你应得的，因为你先尊重了他们，使他们有了自尊，所以他们的积极性才会发挥出来。”

建议其实是一种维护他人自尊的好办法，更加容易使人改正自己的错误。它给你带来的会是对方诚恳的合作，而不是坚决的反对。相信，如果你从现在起真的做到这一点的话，那么你一定可以成为最受欢迎的人。

第二章 能一个人精彩，才能与全世界相爱

自重而不自傲，自廉而不自疑；欢快而不轻浮，沉稳而不古板。

——［中］一凡

拥有自信，消除恐惧

被称为美国商业女奇才的劳伦·斯科尔斯接管了一家濒临破产的纺织工厂。这家工厂已经连续三个月没有拿到订单了，员工们的情绪十分低落。不过，经过细致研究以后，劳伦相信，她有能力让这个工厂重新振作起来。同时，她心里非常明白，现在最重要的并不是解决订单的问题，而是要想办法唤起员工们的斗志，消除他们的恐惧，让他们树立起自信心。于是，她召开了一次全体员工大会。

在会上，劳伦并没有给员工们阐述自信的重要性，也没有夸口说自己一定能让工厂起死回生。她只是问员工："诸位，你们认为，一个健全的人和一个身体有残缺的人相比，谁更容易取得成功？"员工不知道她要说什么，只好都说是健康的人。劳伦点了点头说："很多人都这么想，可我却不同意。有一次，我和两个人一起去探险，一个人听不见，另一个人看不见。我们计划到一座风景秀美的深山中去旅行，可不想半路却被一道地势险恶的峡谷阻拦住了。当时我真的很害怕，因为我看到峡谷很深，而且涧底的水流也很急。最要命的是，通往对面的唯一通道居然是几根光秃秃，而且还颤悠悠的铁索。我心里非常清楚，一旦我从上面掉下来，一定会没命的。"底下的员工有了反应，神情也显得很紧张。劳伦接着说："本来，我以为我的两个伙伴也一定和我一样吓得半死，可不想他们居然一点儿也不害怕，反而很从容地走了过去，留下了我一个人。事后，我觉得很奇怪，就问那两个人是怎么回事？那个盲人告诉我，她眼睛看不见，所以不知道山高桥险，于是平静地走了过去。那个失聪者则对我说，她的耳朵听不见，因此不知道脚下的河水在咆哮，这样恐惧心理就减少了很多。"员工们一个个都表现出恍然大悟的样子。这时，劳伦进入了主题："诸位，正是因为我太'健全'了，所以我考虑得太多，从而使我没有勇气走过去。实际上，阻碍我前进的并不是峡谷和铁索，而是我自己对现实的恐惧。如今，你们当中有很多人对我们厂现在面临的状况感到恐惧，心态就和那时的我是一样的。”

那次会议以后，那家纺织厂的员工一个个都斗志昂扬，很快就使整个厂子重新振奋起来。当有人问他们为什么会发生如此之大的变化时，员工们说：“我们才不想让恐惧心理阻碍我们的前进。”

自信是一种信念，同时也是一种意志，而恐惧则是这种信念和意志的最大敌人。如果我们对某一件事情充满了信心，那么我们就不可能在这件事感到恐惧。相反，如果我们没有信心，那么恐惧的心理将会越来越强烈。

虽然恐惧的事情有很多，但最可怕的莫过于贫穷、衰老和死亡。这是正常的心理，因为我们每一天都拼尽全力地工作，目的就是为了多挣些钱，同时也是想为自己将来的老年生活储备一些金钱。这些恐惧给我们带来了很多压力，也使我们变得越来越不自信。它不但没有把我们带入希望之中，反而是将我们拖入了最不乐观的境地。

任何人都会产生恐惧心理。然而，一个真正心灵成熟的人是不会让恐惧伤害到他的自信心的，因为他有足够的勇气去面对眼前的所有困难。人的成功是受很多条件制约的，但心理上的恐惧才是导致失败的最根本原因。

自信的人从来都不会被失败吓倒，虽然他们也会理智地去看待目前所面临的困难和问题，但却是把绝大多数精力放在如何克服上。那些具有恐惧心理的人与之相反，将所有的精力都放在了如何避免失败上。诚然，注意避免失败的确对成功有着很重要的作用，然而恐惧会让那些人的注意力放在害怕失败上，从而想尽办法考虑如何逃避困难。于是，他们不去考虑如何成功，而是在想如何躲避，失败也就成了必然。

所有的成功人士，都对自己充满了信心。他们对自己的才能有信心，对事业、对追求充满信心。在他们眼里，失败不过是成功路上的一块小石子或小水沟，自己一定能够迈过去。正是因为他们自信，所以他们无畏；正是因为他们无畏，所以他们才会成功。

能听意见，也有主见

当卡耐基还是一名学生的时候，他热衷于参加学校的各种辩论和演讲。有一次，学院里举办了一场辩论比赛。这场比赛很重要，因为最后胜出的冠军可以代表整个学院参加全国性的学生辩论比赛。对于卡耐基这些“狂热分子”来说，这场比赛的意义自然非常重大。当时，他和几名同学报名参加了选拔赛，而且他还很荣幸地被推选为队长，因为卡耐基在当时已经算得上小有名气了。在最初的几场比赛中，他们表现得非常突出，一路杀进了决赛。其实，当时的条件对他们很有利，因为对方在这方面的能力要稍逊于他们。本来，他们队完全有获胜的把握，然而就在这时，卡耐基犯下了一个严重的错误。

也许是比赛的压力太大，也许是卡耐基被胜利冲昏了头脑，在为决赛做准备的时候，他开始变得“专制”起来，因为他认为只有按照他的思路去准备才能最终取得胜利。当时，队员们提了很多不错的建议，而且也确实都很有道理。然而，那时的他根本听不进去。每当队友要求卡耐基采纳他们意见的时候，卡耐基总是会说：“我是队长，你们的意见只有经过我的允许才能通过。”就这样，整个准备的过程都在卡耐基意志的操纵下进行着，一直到比赛那天。

最后的决赛终于开始了，应该说他们的开头还是不错的。随着比赛的进行，他们和对方的辩论到了白热化的状态。就在这时，卡耐基发现对方提出的很多问题都是他没有想到的，但他的队友们曾经想到过。因为没有对那些问题做好充分的准备，所以他们当时显得有些手足无措。最后，他们输掉了那场比赛。

赛后，卡耐基感到很失落，因为这场比赛的失败是由他一手造成的。本来，站在领奖台上的应该是他们队，可如今却是别人。虽然队友们没有责怪他，但卡耐基看得出，他们很失望，也很伤心。只有一个人在私下偷偷和他说：“戴尔，说实话，我们对你这次的做法真的很失望。”

如果不是因为卡耐基的固执己见，那么队员和他就不会留下遗憾了。后来，他仔细分析了当时的情况，找出了导致他“固执”的根本原因，那就是盲目自信。

自信是一种好的心态，也是一种成熟的心态。只有自信的人才能最终取得成功。然而，如果盲目自信，不肯听取任何人的意见，那么这种心态是相当的不成熟的。

没有一个人可以保证自己在任何情况下都是正确的。不管是谁，他在思考问题时总是习惯性地陷入自己的思维模式。这样一来，势必会把思维固定在一条狭窄的单行道内，从而使问题得不到很好的解决。

你可能会说："既然要听别人的意见，那好，我就广泛地采纳别人的意见。只要是别人提出的建议，我就一概接受。"芝加哥大学心理学教授斯科尔·德莱克曾经说过："世界上有两种人最不成熟：一种是听不进别人意见的人；另一种是盲目轻信别人的人。"

固执己见虽然可能让人偏离正确的方向，但毕竟是去做了，而且是按照自己的意思去做了。相反，没有主见则可能让你错过解决问题的最佳时机。这是因为，如果一个人没有主见，那么他满脑子里装的都是别人的意见。他会觉得这个人说得有道理，那个人讲得也不错，采用哪个都可以，采用哪个又都不太合适。于是，这个人就会犹豫不决，裹足不前，最后浪费掉了一次次的机会，使得事情越来越糟。

不论是固执己见也好，没有主见也罢，都是一种心智不成熟的体现。具有哪一种心态都是不正确的，因此要做的就是看清形势、看清自己，使自己尽快地成熟起来。

学会喜欢自己

在学会喜欢自己之前，首先要做到的就是不要害怕喜欢自己，因为喜欢自己完全是一种成熟的表现。可以细心观察一下，凡是那些思想真正成熟的人，往往都能适度地忍耐自己，就像他们也能适度地忍耐别人。这些人知道，每个人身上都是有弱点的，自己也不例外，因此他们从不为一些小过错而感到痛苦。

这个社会充满了太多竞争，有的人总是会以个人物质上的成就来衡量一个人的价值。有的人热切地追求着名利，去做着枯燥的工作，感到自己的灵魂找不到寄托。这时，他就很容易迷失自我，从而不能认同自我。

作为一个现代人，必须要学会调整自己，否则就难以适应环境带来的各种压力。不应该老是盯着自己的缺点看，而不去欣赏自己的优点。事实上，不管是普通人，还是那些在某一领域有所建树的人，都是有缺点的。

要学会喜欢自己，首先要做的就是让自己有足够的耐心去面对自己的缺点。还要懂得这样一个道理——没有一个人是完美的。

有一个让你喜欢自己的最有效的方法，那就是独处。人们总是习惯在晚上回想一天的活动，而且经常是在床上进行的。独处对我们来说真的有很大的益处。

从今天起，开始喜欢自己。试想一下，如果我们总是要依靠别人才能使自己获得快乐感和满足感，那么这就无疑是给他人增加了一种负担，而这势必也就会影响到彼此的关系。成熟的个性是什么？那就是喜欢、欣赏和尊重自己。让我们拥有自己的个性，这不仅可以让你变得健康、快乐，也可以增强你与人相处的能力。

适应不可避免的事实

一天，伊丽莎白突然接到了国防部的电报。国防部遗憾地通知她，她最爱的侄子乔治在北非战场上战死了。天啊，伊丽莎白简直不能承受如此巨大的悲痛。在这之前，她是多么幸福啊！她一直都很健康，也拥有一份很好的工作，而且还有一个由她一手带大的侄子。在她看来，乔治是世界上最完美的年轻人，没有人可以替代他。伊丽莎白非常欣慰，因为她觉得自己付出的一切都有了回报。

然而，一封电报摧毁了她的一切。伊丽莎白女士觉得自己的事业已经没有了希望，认为自己活下去都是多余的。她开始轻视自己的工作，忽视自己的朋友。她不明白，为什么一个这样优秀的年轻人会这么早就结束了他的人生。正当伊丽莎白被这突如其来的灾难折磨时，一封信改变了她。

这天，伊丽莎白女士在家清理侄子的遗物，她已经有很长时间没有去工作了。突然，她发现了一封几乎已经被自己忘掉的信，那是她侄子写给她的，内容是安慰她不要为她母亲的去世太伤心。信中这样写道：“我们都是十分想念她的，尤其是你，我的姑妈。但是我十分相信你，我知道你一定可以撑过去，因为你一直是我心中最坚强的女性。你曾经教导过我，不管遇到什么困难，我都应该像个男子汉一样勇敢地面对。”

伊丽莎白流着眼泪把这封信读了一遍又一遍，感觉就像侄子在身边和她说这些话。她突然觉得，这就是侄子的安排，他想让自己知道：“为什么不能按照这些方法去做，把悲伤和痛苦化解呢？”

从那以后，伊丽莎白变了。她重新投入到自己的工作中，对周围的人也开始变得十分热情。伊丽莎白女士经常对自己说：“乔治已经离开我了，这是我不能改变的。我能做什么？我能做的只有像他所希望的那样快乐地生活下去。”于是，伊丽莎白女士把自己的精力和爱都给了其他人。她培养了自己新的兴趣，让自己结交了很多新的朋友。渐渐地，她将那些悲伤的过去忘掉了。如今，她生活在快乐与幸福之中。

每当人们处于不得已的情况时，应该尽快地去适应它。因为只有去接受这种情形，才能让我们忘记它所带来的痛苦。事情既然已经这样了，那就不可能会有其他改变了。

我们一生总是难免会遇到各种各样的挫折和不快。面对这些时，我们可以有两种选择：一种是接受它，适应它；另一种是担心、忧虑，让它摧毁我们的快乐生活。

环境本身其实并不会让我们感到快乐或是不快乐。我们对环境的反应才最终决定我们的感受。大多数女人的内心是十分脆弱的，因为她们没有勇气去承受住灾难的降临。但是，每一个人都有能力去战胜困难。不要以为自己办不到，其实我们内在的潜力是有着惊人的力量的。只要能够巧妙地把它们利用起来，那么就可以战胜一切。

为什么汽车的轮胎可以在公路上持续地跑很长时间。起初设计人员在设计轮胎时，总是想把它设计得可以抵抗路面一切的阻碍。可是结果显示，那些轮胎一个个都被颠簸得支离破碎。后来，设计人员改变了设计思路，他们设计出一种能够承受路面所带来的一切压力的轮胎，这种轮胎一直使用到现在。

我们每个人就像一辆车，而我们的思想就是四个车轮。人生之路要比那些笔直、平坦的高速公路颠簸得多，所要遇到的阻碍也多得多。如果我们为自己安上“强硬”的轮胎，那么我们的路途恐怕就不会快乐顺畅了。相反，如果我们吸收了这些挫折呢？答案非常简单，一切的困难和矛盾都会消失，我们也不会被忧虑所困扰。

当然，不去反抗所遇到的灾难，并不表示在碰到任何挫折的时候都选择退缩和放弃。女人应该更坚强，能够勇敢地面对一切。不管在什么情况下，只要还有哪怕是一丝希望，都要努力奋斗。

可是，当那些人力所不能改变的事情发生时，比如亲人离我们而去、自然所造成的灾害等，我们应该选择适应。这些事情是不可能避免的，更是不可能改变的。也就是说，不管我们再怎么努力，都不能使事情本身出现任何转机，因此我们应该毫不犹豫地选择适应。

不为打翻的牛奶哭泣

萨德斯是一个高中生，同许多年轻人一样，他有着数不清的烦恼。他经常会为自己犯下的种种过错感到苦恼和后悔；每次考完试之后，他经常会整夜地责怪自己不该答错那几道题；他经常会坐在椅子上发呆，因为他害怕自己会不及格；他还总是幻想着自己有一天能够回到过去，因为他想弥补自己在过去所犯下的所有错误。总之，那时候的萨德斯是一个忧郁的男孩。

一天早上，教师布拉德沃尔带领所有的学生来到了实验室。只见他把一瓶牛奶放在了桌子上后，示意所有的学生都坐下来。当时很安静，所有的学生都等待老师给他们做一个很有趣的实验。不过，这些孩子心里也充满了疑惑，因为他们看不出来这瓶牛奶和这堂生理卫生实验课有什么关系。突然，布拉德沃尔先生站了起来，一掌就将牛奶推到水槽中，然后大声地说："永远记住，不要为打翻的牛奶哭泣！"

接着，老师把所有的孩子都叫到了水槽边，望着那瓶已经打翻的牛奶说："你们都看到了吧，这是我要给你们上的最重要的一堂课，希望你们永远记住它！很显然，这瓶牛奶已经不存在了，因为你们亲眼看见它已经翻掉了。现在，不管你们多么懊悔、多么烦恼，也不管你们怎样抱怨，有一个事实永远不可能改变——这瓶牛奶已经无法挽回了。其实，如果在这之前，我们能够仔细一点儿的话，这瓶牛奶是一定可以保住的。然而现在，一切都是不可能的了，我们现在能做的只有不去想它，忘记这件事，然后尽快地去思考下面该做的另一件事。”

萨德斯说：“如今我已经忘记了以前学过的拉丁文以及几何知识，却始终记得这个小实验。这里面蕴含了很深的生活哲理，比我在高中所学到的所有知识都有用。现在，我总是会尽一切可能保证牛奶不被打翻，可是如果一旦打翻了，那我就不去担忧，而是把它们全部忘掉。”

愚蠢的人才会坐在原地为自己的损失感到悲伤，聪明的人总是会愉快地想尽一切办法来弥补自己的损失。

我们不妨翻看一下历史，很多能够在艰苦环境下生存下来的普通人并不是因为有强壮的身体，而是因为他们能够很快将所有的困难、不幸、失败忘掉。他们没有忧虑，因此他们也不会觉得不快乐。

是啊，何必为那些不可能挽回的事情流泪呢？犯错误确实不对，可有谁又能保证自己从没犯过错误呢？我们所能做的就只有不为打翻的牛奶哭泣。

第三章

你的美貌，不敌你的热闹

魅力是女人的力量，正如力量是男人的魅力。

——［英］蔼理斯

举手投足尽显风雅

很多女人都梦想着自己不管走到哪里都能获得所有人的青睐。为了做到这一点，她们不惜花费大量的金钱和精力来塑造自己的外表。昂贵的化妆品、漂亮的衣服、精致的首饰等，这些东西无疑都成为女士们的选择。在她们看来，穿着华丽、珠光宝气的女人才是最有魅力的。

其实，这种观念是错误的。但这并不是否认外表的重要性。事实上，一个漂亮迷人的女人的确要比一个相貌平平的女人更容易获得好感。芝加哥大学心理学院的教授卢克斯·托勒说：“每一个人对美的认识都是不一样的，因此每一个人的审美观念也不相同。然而，所有人在对事物进行评判的时候，都会考虑内在和外在两个方面。其实，很多人有一个错误的观念，那就是把人的内在美和外在美看成是两个互不相关的部分。实际上，内在美与外在美是密切相关的。在很多时候，人们完全可以通过外在的形式来展示自己的内在美，这也就是我们能通过外在的接触来感觉到对方的内在美。特别是对于女人，如果她们想要让自己充满魅力，外在的表现形式是非常重要的。当然，这不仅仅是通过化妆和穿衣。”

卢克斯教授说的这一点很重要，而且它也往往会被女士们所忽视。实际上，真正能体现女人内在气质的关键，就是在这举手投足之间。女人不可能在短时间内学会有的人家经过几代演变的内涵，但却可以通过训练使自己在举手投足之间显露出风雅来。

如果你想做一个有品位、有气质的女人，那么你首先要做的就是相信自己。如果你没有自信，那么你就不可能有勇气和能力去面对现实，更加不会有心思去培养自己的魅力。

要想真正成为众人眼中最耀眼的明星，要想让自己成为最受欢迎的人，那么请不要再为自己平庸的外貌感到忧虑。只要拥有了非凡的品位和气质，那么你就一定会成为世界上最有魅力的女人。

其实还有一种快捷的方法，那就是首先要在心里告诉自己：“我想要获得所有人的瞩目，我要成为最风雅的女人，因此我必须训练自己的仪态。”然后，到街上买一本有关礼仪的书，把它从头到尾读一遍。接着，找一全身面镜子，在镜子面前做各种动作。这时，以书上写的为基本准则，只要发现自己有哪些不妥的地方就马上更正。这不会浪费你很多时间，你只需在每天晚上睡觉前做半个小时就够了。

一定要在平时多留意自己的一些习惯性动作。有时候，有的小动作会让你远离“风雅”，比如挖耳朵。再做一些必要的形体训练以及做好自我保健。

只要你将自己的仪态训练得大方得体，那么就一定会成为一个风雅女人。

做一个有格调的女人

对于每一个女人来说，美这个东西永远是最令人向往的。的确，对于所有人来说，美都会使他们心旷神怡，而女人也同样会让所有人都心旷神怡。对于一个女人来说，拥有美丽的外表、迷人的姿态固然重要，但是只有拥有了高雅的风姿才会给人留下念念不忘的视觉美感，才会让别人觉得你是有品位的。

对于女人来说，没有一个人会不渴望自己能够成为众人眼中的“佼佼者”，这是女人的天性。女人都希望能够得到异性的称赞和同性的羡慕。可是，很多女人却始终认为自己没有这个能力，因为她们的外表平凡。虽然我们无法选择自己的外表，因为那是父母留给我们的，但却可以通过训练让自己魅力四射。事实上，一个真正迷人的女人并不一定拥有漂亮的脸蛋，却一定要拥有迷人的风姿和高雅的格调。不要太在乎自己的外表。只要拥有了迷人的气质、高雅的格调，那么你们就一定会成为最有魅力的女人。

可能有些女人会说，自己不过是一名最普通的小职员或是家庭主妇，因此不需要培养什么魅力，也没有必要搞什么格调。对于她们来说，每天的生活都十分枯燥乏味，根本没有用到所谓格调的时候。当然不，如果你们有这种想法那就犯了一个严重的错误。事实上，只有那些有气质、有魅力、有格调的女人才会受到人们的欢迎，才能取得事业上的成功。

戴维斯先生是美国一家大公司的公关礼仪顾问，他曾经说："我给很多公司培训过公关人员。最初的时候，我发现差不多所有的人都认为拥有漂亮的脸蛋、迷人的身段对于一个公关人员来说是最重要的事，因为所有人都喜欢和一个容貌姣好的人打交道。我不完全否认这种说法，但是我认为，一个公关人员最重要的素质并不是外在的美貌，而是她们内在的气质。如果你遇到一个漂亮但却不懂礼数、说话粗俗、举止轻浮的公关员，那么相信你绝对不会对她产生好感。相反，如果对方虽然相貌平庸，但却有着非凡的魅力、不俗的谈吐，那么我相信你绝对乐意与她打交道。"

卡洛琳是纽约一家保险公司的高级讲师。对于一个只有28岁的年轻姑娘来说，拥有一份年薪10万美元的工作的确令人羡慕。然而，让所有人都很难相信的是，卡洛琳居然只有中学学历，而且也没有任何可以炫耀的家庭背景。至于说她的长相，真的很难恭维。个子不高，皮肤黝黑，脸上长满了雀斑，牙齿也有些发黄，鼻子、嘴巴、眼睛和眉毛之间的搭配也并没有任何特殊之处。真难想象，她是怎么用半年时间从一个普通的业务员变成一名高级讲师的。

卡洛琳所属保险公司的一些主管以及听过卡洛琳讲课的一些人说："卡洛琳虽然不漂亮，但是她却有着迷人的魅力。坦白说，如果单从她讲课的内容来看，并没有什么地方值得我们如此痴迷。不过，我们总是能从卡洛琳身上体会到一些很奇特的东西。是的，很奇特。她的一举一动，举手投足，都让我们体会到什么叫气质，什么叫美感。事实上，听她讲课并不感觉是在接受什么知识，反而觉得是在和她做一件非常愉快的事情。获得这种感觉的时间很短，仅仅两三分钟而已。也许，正是这种感觉才让我们不再有那种对保险业务的厌恶和警惕之心。"

卡洛琳说："我一直都这么认为，美丽的外表对于一个女人来说不过是一支涂上绚丽色彩的瓶子而已。我承认，初见的时候，它会给人一种美感，也会让人有那种怦然心动的感觉。然而，如果瓶子里装的是污水或秽物的话，就会让人有一种大倒胃口的感觉。如果这个瓶子里装的是沁人心脾的美酒的话，就一定会让人陶醉其中。我们的外表是花瓶，而气质就是花瓶中所装的东西。如果我们能够拥有那种温文尔雅的仪态、得体大方的气质，那么一定会让所有的人都产生爱慕之情的，其中也包括同性。此外，这种仪态和气质还会让你获得一种非凡的品位。"

卡洛琳说得一点儿都没错，一个能拥有高雅格调的女人一定能够获得别人的好感，取得他人的信任。如果你做不到这一点，让别人把你看成是一个没有内涵的花瓶的话，恐怕想受到别人的欢迎也会是一件很困难的事。

如果女人没有格调，那么就不可能让生活变得神采飞扬、绚丽多彩。人们都说女人天生爱浪漫。可见，一个不懂、不会浪漫的女人多可悲。

好性格使你幸运

对于每一个女人来说，善良都是她们的天性。曾经有人说过：“女性的善良是和母爱有着密切联系的。”女人之所以不喜欢争斗，是因为她们不愿意看到有人受伤害。有时候，为了满足别人，她们宁愿牺牲自己。

罗斯姐妹是一对双胞胎，所以两人长得非常像。在很小的时候，父母对这对姐妹一视同仁，从来没有表现出偏爱某一个的倾向。然而，随着年龄的增长，情况发生了变化。

姐姐露丝性格耿直，总是想到什么就说什么，而妹妹姬丝则性格乖巧，总是会想各种办法来讨父母的欢心。坦白说，露丝做的要比妹妹好，可是似乎她总是得不到父母的喜爱。罗斯夫妇感情很好，不过他们也像其他夫妻一样经常吵架。每当这个时候，露丝总是会站出来批评有错的一方，而姬丝则总是想办法逗生气的父母开心。虽然露丝经常会买一些礼物送给父母，但是父母似乎只惦记着妹妹。最后，罗斯夫妇在他们的遗嘱中清楚地写道，他们所有的财产全部都归姬丝所有。

虽然露丝和她妹妹的感情非常好，但她始终不能理解为什么自己的父母会如此偏心。有人问露丝："你为什么不能像你妹妹那样讨好你的父母呢？"露丝有些苦恼地说："我并不是没有尝试过，但是我根本做不到。当我向父母献殷勤的时候，连我自己都觉得太做作了。我就是我，根本没办法成为姬丝。"这一切都是由她的性格造成的。

露丝没有做错什么，而她的父母也不应该对她有任何偏见。可是，事情已经发生了，而且一切都是顺理成章的。这不能怪别人，只能怪露丝没有一个好的性格。

那么，究竟什么样的性格才算好的性格，什么样的性格是不好的性格呢？对于一个人来说，拥有诸如坚韧、勇敢、冷静、理智、独立等性格，无疑就等同于拥有了一笔巨大财富。坚韧会让你在困难面前永不低头，勇敢则让你能够面对一切挫折，冷静和理智会让你永远保持清醒，独立则会让你不受他人的摆布。相反，如果一个人的性格懦弱、胆怯、冲动、依赖性强的话，那么恐怕他一生都将一事无成。

并不是所有的女人都有事业心。有的女人不渴望事业成功，也从没奢望过会有什么轰轰烈烈的大事发生在自己身上。在她们眼里，嫁一个好丈夫，做一个合格的家庭主妇就是最终目标。因此，她们并不认为拥有好的性格对她们有多重要。

然而，事实并非如此。如果你的性格懦弱，那么在面对丈夫的无理要求时，你是不会拒绝的；如果你的性格胆怯，那么不管丈夫做了什么，你都不敢出声；如果你的性格冲动，那么一点儿小矛盾都可能在你们之间引发一场大的战争；如果你依赖性很强，那么就无疑会给自己的丈夫增加负担。

因此，不管女人给自己的一生制订了什么样的计划，拥有好的性格对你们来说都是一件非常重要的事。特别是对于那些至今还没有被幸运垂青过的女人，你们应该赶快行动，改变自己性格中的缺陷。不过，在改变性格之前，首先要弄清楚，性格究竟是怎么形成的。

美国心理学协会前任主席拉帕克·道格拉斯曾经说：“性格是指导人行事的准则。实际上，人在刚出生的时候并没有形成真正意义上的性格，性格往往是后天培养出来的。每个人都有不同的思维方式，因此每个人也都有不同的行为习惯。这种行为习惯长期支配着人们，久而久之就变成了性格。举个简单的例子来说，一个人如果认为世界太冷漠、人情太冷漠，那么他就会养成不与人交往的行为习惯。在这种行为习惯的支配下，这个人就很容易形成孤僻的性格。”

由此，我们可以看出，一个人的性格是由他的思维方式决定的。因此，要想改变自己的性格，首先就要改变自己的思维方式。你在改变自己的思维方式的时候，一定会遇到很多困难，因为人的思维方式一旦形成，是很难改变的。不过，你可以试一试反向思维。

反向思维的意思就是，女性遇到事的时候总是会根据思维习惯做出判断，这时不要马上行动，而是朝着先前做出的判断的反方向思考问题。

当然，单靠着一种方法是不能改变一个人的性格的，还需要女人自身做出很多努力。

做自己情绪的主人

女人是最情绪化的生物。很多女人都被自己的情绪所拖累，似乎所有的烦恼、忧愁、失落、压抑和痛苦等全都降临到自己的身上。她们的生活没有了快乐，开始抱怨这个不公的世界。

其实，何必如此呢？人是世界上感情最丰富的动物，也是情绪最多的动物。喜、怒、哀、乐对于每一个人来说都是再正常不过的事情了，何必让那些小事打扰我们正常的生活呢？其实，女人只要进行一定的自我调整，是能够让自己成为情绪的主人的。

人之所以会被情绪控制，主要是因为当人们周围的环境变化得过快时，人们的潜意识会告诉自己：“不，决不能让自己受到伤害，我一定要保护自己。”的确，这时候人的情绪就会指导自己变成一只蜷缩好的、准备战斗的刺猬，会毫不留情地攻击伤害你的人。这也就是我们所说的情绪失控。

其实，很多女人都知道控制情绪的重要性，不过她们在遇到具体问题的时候却往往会败下阵来。她们会说："我知道控制情绪的重要性，也梦想着成为情绪的主人。可是，控制情绪实在是一件太困难的事情了。"显然，她们是在向别人表示："我做不到，我真的无法控制自己的情绪。"还有的女人习惯于抱怨生活，她们总是说："我大概是世界上最倒霉的人了，为什么生活会对我如此不公？"言外之意就是在对别人说："这不能怪我，是生活环境逼迫我这样做的。"正是这些看似合理的借口使女人放弃了主宰自己情绪的权力。她们在这些借口中得到安慰和解脱，从而没有勇气去面对失控的情绪。

因此，女人如果想主宰自己的情绪，成为情绪的主人，首先就要让自己有这样的信念：我相信自己一定可以摆脱情绪的控制，无论如何我都要试一试。只有这样，女人的主动性才能被启动，从而真正战胜情绪。让自己拥有自我控制意识，是打赢这场战争的最关键一步。

控制自己的情绪并不是一件非常困难的事，只要掌握了一定的方法，还是完全可以做到的。当你心中产生不良情绪的时候，不如选择暂时避开，把自己所有的精力、注意力和兴趣都投入到其他活动之中，这样就可以减少不良情绪对自己的冲击。

卡瑟琳有一段时间非常失意，因为她经营的一家小杂货店破产了。很多人都为她担心，怕她做出什么傻事，因为那家杂货店倾注了她太多的心血。谁知，卡瑟琳非但没有垂头丧气，反而对她的朋友说："现在我已经欠了银行几百美元，所以我必须到外面去避避难。”就这样，卡瑟琳独自一人到外面去旅游，并借此打发掉了心中的烦闷。

你的对手是自己的情绪，只有战胜情绪，成为情绪的主人，才能让你获得真正的自由之身，才能让你过得幸福快乐。

保持快乐与活力

不管是职业女性还是家庭主妇，她们都有各自不同的烦恼。对于职业女性来说，工作上的压力让她们觉得有些喘不过气来，而对于家庭主妇来说，婚姻的问题、家庭的烦恼则是一直困扰着她们的难题。

很多男人要比女人聪明一些，因为他们知道如何让自己保持快乐与活力。他们经常会把一些时间花费在自己的爱好上，这样当他们重返工作岗位的时候就精神焕发了。那么，女人为什么不让自己保持住快乐与活力呢？你们不妨效仿男人，找时间做一些家庭以外的事情。这种方法很有效，它可以调节你的心境，使你能够有更好的心态去处理工作和家务。

女人这么做不是没有理由的，事实上，并不是繁重的工作和家务使女人感到疲惫不堪，罪魁祸首其实是生活中的单调、无聊和烦闷。其实，很多聪明人会花费大量的时间来游戏，而且游戏的时间一点儿都不比工作时间少。他们这么做就是为了让自己的生活内容有所改变，从而有新鲜和有趣的感觉。

拿职业女性来说，很多职业女性都把自己的时间看得非常宝贵，因为她们每一天、每一周的大部分时间都是在公司度过的。当你让她们去做一些工作以外的事情时，她们总是会说：“不，那不可能，我必须抓紧一切时间来好好休息一下，因为我太累了。”其实女人不如利用周末的时间去听听音乐，要不就去孤儿院帮忙，或者做一些其他能够展现自己个性的事情。别小看它们，它们往往可以给你带来很多新的感受。

乌尔特·芬克太太结婚后一直都在工作，因为她有三个孩子要养。不过，她一直都利用周末的时间去附近的一所教会学校教书。虽然这份工作是义务的，但乌尔特太太却乐此不疲。当有人问她为什么热衷于此时，乌尔特太太说：“的确，这对我来说应该算是一份额外的工作，但它又不是一份工作。我之所以这么说，是因为这份工作给我带来了无限的快乐。因为和孩子打交道是一件让人兴奋的事情，我从他们的身上得到了活力。如今，我每天都让自己生活在快乐与活力之中，很多以前难办的事情也都得到了解决。以前，由于工作压力很大，所以我对我的家人有些呆板，而且还很苛刻。现在就不同了，我已经把眼光放得很开了。我可以快乐地对待每一天的生活，充满活力地对待每一天的工作。”

罗兰也有一套让自己保持快乐与活力的方法。她把自己一周的时间都安排得满满当当：星期三晚上和丈夫一起去打球，因为那是他们两个共同的爱好；星期四要召开一个家庭讨论会议。至于剩下的那几天时间，罗兰选择去听课充实自己。

当谈到这些安排的时候，罗兰女士说："实际上，我从中获得了很多让人意想不到的收获。每当我们一家人聚在一起吃晚餐的时候，我们就会把有关工作的话题拿出来谈论，这使我们每个人都过得非常愉快。正是这些话题给我和我的家人注入了快乐与活力，因此才让我们从未因无聊和烦恼而发生争吵一类的事情。"

的确，保持快乐与活力能够让人忘记很多不愉快的事情。相反，如果我们总是让一些不愉快的、令人生厌的、死气沉沉的事情陪伴左右的话，那么我们的生活将会变得一团糟。

还有一点，那就是健康。华盛顿健康中心的道尔博士经过研究发现，人如果每天都生活在痛苦、烦恼、沮丧和不安中，那么他们患上疾病的概率要远比那些终日充满活力、感到快乐的人大得多。博士进一步解释说，快乐是指情绪上的。如果你每天都能保持快乐的情绪，那么你就不会有压力。这样，你患胃溃疡、头疼等病的几率就小了很多。而活力则是支配人做事的动力，如果你每天都充满了活力，那么你就不会觉得生活和工作的压力很大。相反，你会觉得处理一切都是得心应手的。

如果你们可以找一些事情让自己每天都保持快乐与活力的话，那么你们就可以有清醒的头脑去判断事物的价值了。道理很简单，女人如果以乐观向上的态度把自己的精力放在了那些值得做的事情上的话，那么就不会重视那些终日给你制造麻烦的琐碎小事。这样一来，精力就会集中起来，也会让你的家变成梦想中的快乐之园，每一个生活在园中的成员都能够公平地得到愉悦。

那我们究竟该怎么做才能让自己永远保持快乐与活力呢？其实很简单，那就是结合自己的性格，培养一种或几种自己喜欢的爱好。我们不妨这样做，可以先想想是不是有什么事自己一直都想做，或是曾经很想做的。这并不难，因为如果你自己细心观察的话会发现，其实我们身边有很多活动都非常有价值。

如果女人已经感到生活毫无兴趣可言，终日都觉得枯燥、无聊的话，那么就赶快找一些感兴趣的事去做，并且尽力把它做好。这可以让女人每天都保持快乐与活力，是一件有百利而无一害的事情。

第四章

生活不如想象中美好，但不妨碍你热爱它

快乐就是健康，忧郁就是疾病。

——［美］马克·吐温

选好自己的伴侣

对于一个女人来说，什么事也比不上选错自己的伴侣更加可怕。的确，每个女人都希望自己能有一个好的伴侣，也都希望这个伴侣可以陪伴自己终生。然而，很多人在婚后却发现，自己当初的选择和决定其实是错误的。诚然，这种事是不能完全把责任推给男人的，因为他毕竟没有逼迫你和他结婚，只不过是因为你们自己没有足够的判断力。正因为如此，很多女人在发现问题以后，要么选择沉默忍受，要么选择反抗、离婚。

在医学界有一句俗语：“最好的治疗方法就是预防。”如果

女人能够加强自己的判断能力，使自己能够清醒地按照自己的意愿去选择伴侣的话，就不会有那么多不幸的婚姻了。

贝蒂是个漂亮迷人、思想前卫的女孩，喜欢刺激，渴望过那种天天都有激情的生活。因此，那些整天只知道上班、回家、干活儿的男人，她根本看不上眼。一个周末的晚上，贝蒂独自一人来到了她常去的“零点酒吧”。她喜欢酒吧，因为这里会让她觉得生活充满了激情。贝蒂要了一瓶啤酒，找了一个空位子坐了下来。正当她打算休息一会儿就去跳舞的时候，突然发现不远处有一位男士正默默地注视着她。这位男士很英俊，也很有风度。贝蒂冲他点了点头，男子马上就走过来和她搭讪。就这样，两个刚刚认识的青年很快就熟悉起来。临分手时，男子还特意要了贝蒂的电话。

在接下来的几天里，贝蒂几乎每天都沉浸在惊喜与兴奋之中。因为那位男子向她展开了猛烈的攻势。不是给她送礼物，就是打电话约她吃饭。男士似乎是个诗人，因为他总是能说出一些让贝蒂高兴的话。最后，贝蒂终于决定和他结婚。

结婚的那天，贝蒂感到非常幸福，因为她似乎已经看到了婚后甜蜜的生活。她梦想着和丈夫每天都过着充满激情和刺激的日子，还梦想着可以去世界各地旅游……总之，她给自己以后的生活绘制了一幅美好的画卷。

然而，结婚以后，贝蒂却突然发现自己被欺骗了。原来，自己的丈夫并不是什么风度翩翩的绅士，而是一个喜欢吃喝嫖赌的无赖。他每天晚上都喝得烂醉如泥，回到家后连鞋都不脱就上床睡觉。他喜欢赌博，也因此输掉很多的钱。可是，他不但不知悔改，反而经常和贝蒂要钱，如果贝蒂不给，他马上就破口大骂。贝蒂实在忍受不了这种折磨，就和他离了婚。

贝蒂遇到的是一种善于伪装自己的男人，因为她的判断能力不强，所以才导致自己选错了伴侣。然而，有些女人明知道对方身上有很多地方与自己不和，却还要固执地选择他。

贝蒂是因为判断力出现了问题才导致自己婚后的生活不幸福的，然而有些女人则是因为对自己的判断力太过自信，才使得自己与幸福的生活擦肩而过。

劳拉姑妈已经六十多岁了，不过她一直没有结婚。这位姑妈年轻的时候是个标准的美人，曾经有很多男人都追求过她，但都被她一一拒绝了。并不是劳拉姑妈不想结婚，而是因为那些男人都不符合她的要求。

劳拉姑妈喜欢读言情小说，因此在她看来，只有嫁给小说中男主角那样的男人才算是幸福的。但那些求婚者都不符合这个条件。这些人不是太高了，就是太矮了；不是太胖了，就是太瘦了；不是长得太丑，就是家里没钱，总之没有一个能达到劳拉姑妈的要求。就这样，劳拉姑妈耐心地等待着“白马王子”的出现。不过很可惜，直到现在她也没有达成愿望。如今，劳拉姑妈也对自己当初的做法感到后悔，她说：“当初我的想法真的有些幼稚，以致让我错过了很多机会。现在想想，那个铁匠的儿子还是很不错的，还有那个皮货商。可是，当时我一心想找‘白马王子’。”

女人，请不要对你的伴侣过于挑剔，十全十美的男人是没有的。小说中的人物都是虚构的，在现实生活中是不可能找到的。

那么，究竟怎样才能使自己拥有一双“明辨是非”的眼睛呢？这里有几点建议，应该可以帮助你选择一个好的伴侣。

女人首先要看男人生活用品的使用情况，看看他们的家是否凌乱不堪。如果答案是肯定的，那么女人最好在结婚前做好思想准备，考虑一下自己是否可以和一个不爱整洁的男人生活在一起。其次，还要观察他所结交的朋友，因为一个人的品质高低可以通过他所交的朋友看出来。此外，如果一个男人身边有太多的女性朋友，那么你就该慎重考虑一下了。

除了看朋友之外，女人还可以看他是如何与孩子相处的，因为一个能够和小孩子相处得很好的男人，将来一定会是一个好父亲。相反，一个对小孩子十分厌烦，而且不愿意与小孩子亲近的男人，一定不会是个好父亲。

如果他和你约会每次都是迟到，那么就可以证明你在他心中的位置并不重要。因为与其他事情相比，他和你约会这件事应该排在前面。

聪明的女人还可以通过一个男人最喜欢谈论的话题来判断他的个性。如果他喜欢谈家庭，那么就证明他是个顾家的人；如果他希望你能够和他一起分担痛苦，那么他就是个比较自私的人。

如果他是那种目空一切的男人，那么就最好离他远点儿。

女人可以通过男人是怎样评价别人的来对他做进一步的了解，特别要注意他如何评价前任女友。因为尊重以前女友的男人才是大度的，如果他刻意诋毁前任女友，那你还是小心为妙。

还有一点，女人应该细心观察男人对母亲的态度。一个男人对她母亲的态度可以直接反映出他对女性的态度。如果他对母亲十分好，那么就说明他比较尊重女性。不过，女人们需要注意的是，如果他对母亲言听计从的话，则表明他很有可能有很强的依赖性。

此外，女人还要观察男人对待金钱和工作的态度，因为这些可以折射出他对待爱情的态度。最后，你们要千万切记，一定要细心观察他的心理是否健康。

健康女人，平安快乐

忧虑是产生很多疾病的罪魁祸首。有关专家曾经指出：心脏病、高血压以及消化系统溃疡这三种疾病在很大程度上说都是由于忧虑的情绪所引起的。很多女人有上进心，或是说成野心，她们希望自己成功，或是希望在自己的帮助下使丈夫获得成功，这些想法本来都无可厚非。然而，她们对成功的渴望太强烈了，每天都让自己生活在忧虑之中。即使成了全世界的女王那又代表什么呢？ 不过是要每天吃三顿饭，然后晚上睡在一张床上而已。

著名的精神学专家梅奥兄弟对外宣称，在他们治疗的病人中，有绝大部分人的精神是非常正常的。他们所谓的精神疾病其实是悲观的情绪以及那些烦躁、忧虑、恐惧等。

在2300多年前，所有的医生都没有意识到人的精神和肉体是统一的，应该合并治疗。如今，很多人已经发现了这一真理，并且开设了一门新的学科——心理生理学。这门学科诞生的正是时候。因为长时间以来，人类已经消灭了很多由细菌引起的可怕疾病，比如天花、霍乱和各种传染病。可是，时至今日，人们还没有能力有效地治疗那些由忧虑引起的疾病，而且这种疾病给人类带来的痛苦正在日益加重。

曾经有医生说，在二战期间，美国每六个妇女中就有一个人患有精神失常。是什么原因导致这种事情的发生呢？虽然到现在也没有人能准确地说出原因，但我认为很有可能是由于对现实的恐慌和忧虑造成的。当人们不能适应现实时，她们就会选择逃避，让自己生活在脑海中的世界里。

忧虑还会摧毁女人最看重的资本——年轻美丽的容貌。忧虑会让你整天愁眉苦脸，会让你终日咬紧牙关，会让你的头发早早变白，更会让你的脸上长满皱纹。

在美国，心脏病已经成为威胁人类健康的头号杀手。第二次世界大战期间，美国大约有30多万人死于战场，却有200多万人死于心脏病。在这200多万人中，又有将近一半的人是由于忧虑而引发心脏病的。

要想获得健康的身体并不是很难，因为你只要保持一颗平常心就一定不会患上忧虑症。不要担心你做不到，因为只要是一个正常的人都可以做到，而且是绝对可以做到。事实上，我们每个人都比想象中的那个自我坚强得多，有很多潜力是我们所不知道的。

只要拥有了克服忧虑的信心，就一定会让自己生活得快乐无忧，而那时我们也将会有一个健康的身体。

让真爱与你同行

每一个女人都梦想着获得真爱，不管她的身份是普通的女孩、家庭主妇、妻子或是母亲。的确，真爱是世界上最美妙的东西，正是因为它的存在，才使得人类社会充满了温暖。从古至今，爱一直都是永恒的话题，但同时也是一个最不易弄明白的话题。大多数女人虽然渴望真爱，但却并不能体会到爱的真谛。她们往往是简单地从性和家庭的角度去理解，并且将爱与占有、姑息、纵容和依赖等混淆在一起。

著名的婚姻关系研究学者迪罗·卡克博士曾在他的著作《如何找到真正的自我》中写道：“判断一个人是否具备了完善的人格，其标志就是看他是否已经拥有付出以及接受成熟的爱的能力。”卡克博士这句话的潜在意思就是说，实际上很多人并不知道爱的真谛，大多数对爱的理解是很幼稚的。那么，究竟什么是真爱呢？

美国婚姻协会前任主席达波拉·迪图博士曾经在接受采访时说：“大多数人在向他人表达爱的时候，往往是传达这样的信息，比如我想要、我想得到、我能从什么中得到满足、我可以利用或是我为此感到羞耻。比如，一个男人对女人说：‘我爱你！’而他的潜在意思就是说：‘我想要你！’这些爱是很多学者宣扬的，然而却是最典型的假爱。

“真正的爱，也就是成熟的爱应该是‘爱别人就像爱自己’那样。不管这种爱是夫妻之间的也好，是父母与孩子之间的也罢，更或是某个人与他人和社会之间的，总之爱的要素就应该是一成不变的。”

女人必须把握住一个原则，那就是真爱是伟大的，绝不会阻碍任何人的成长，因为它最根本的作用是鼓励他人的成长。如果真正爱一个人，那么就不要紧紧抓住他不放，而是应该让他自由地飞翔。懂得爱的真谛的人是不会想把任何人变成自己感情的傀儡的。他们希望爱的人自由，就像他们希望自己获得自由一样。

著名作家普罗茜·罗伯斯夫人曾经写道：“爱是什么？它就是一个人毫不吝惜地给予所爱的人需要的东西。这种给予是为了别人而并非自己。爱包括给恋人的自由、给孩子的独立，虽然它与性有着密不可分的关系，但却永远不会在丧失理智地追求爱的过程中被性利用。不管你是什么身份，也不管你什么职业，如果别人需要面包时你给的不是鹅卵石，别人需要同情时你给的不是面包，那么你就真正理解了什么叫爱。很多人都犯下了一个愚蠢的错误，那就是喜欢硬塞给别人一些他们并不想要的东西。这种做法非但不会让对方体会到爱，反而会让对方觉得这是一种有敌意的做法。我相信，任何一个心理学家也不会把这种做法与真爱混为一谈的。”

那些婚姻悲剧、家庭悲剧的产生，很大一部分都是因为人们不懂得爱的真谛。对于一段婚姻来说，最可怕的、杀伤力最强的武器莫过于嫉妒的爱。很多人都把嫉妒和爱混为一谈，但实际上嫉妒是一种个人对本身能力的不自信，并在占有欲的指导下逐渐膨胀的结果。

卡伊已经和她的丈夫结婚十年了，但最近一段时间她却总是生活在恐惧之中。原来，她已经将自己陷入了嫉妒之中，内心十分害怕有一天会失去丈夫。虽然她的丈夫并没有给她任何理由，但她还是忍不住感到恐惧。在那段时间里，卡伊做出了很多让人难以理解的事情，比如她会去悄悄地翻遍丈夫的每一个口袋，会到汽车里查看烟灰缸里的东西。白天的时候她的心中产生了各种各样的疑心，而一到晚上则被恐惧感折磨得无法入睡。

一天早上，卡伊在照镜子的时候突然发现，镜子里的那个女人太憔悴了，脸上没有一丝生气，面容也消瘦了许多，而这个女人穿的衣服看起来就像是那种装扫帚的大袋子。卡伊再也受不了了，对自己说：“天啊，这就是你吗？你一直都在害怕失去你的丈夫，可你现在的状况正是在给他创造理由。现在，你必须想办法解决。”于是，卡伊开始实施自己新的计划。

从那天起，卡伊开始注意自己的外形。她每天下午都会休息一会儿，并且想办法让自己的体重增加了一些。接着，她又到美容院学习了一段时间，让自己知道如何化妆。慢慢地，卡伊觉得自己发生了变化，认为自己已经变得比以前好看多了，而这时她的态度也发生了改变。她丈夫似乎也发现了妻子的这种变化，并做出了良好的反应。这下，卡伊再也没有任何疑心了。当回忆起那段往事的时候，她说："当初的我真是太愚蠢了，我为什么要把精力放在嫉妒上了呢？现在我已经成为丈夫心目中最有魅力的妻子了。"

当一个女人真正理解到爱是肯定而不是命令时，那么就代表着她已经拥有了去爱的能力。

真爱的力量可以影响一个家庭，甚至还会影响到个人与整个社会的关系。心理学家米阿德说过："一个人对朋友、工作、陌生人以及世界的态度，绝大多数是从家庭中学来的。如果一个孩子在家的时候能够得到真爱，那么他就一定会将这种真爱反馈给他的家人、朋友以及其他人。"因此，女人必须要明白，爱并不仅限于家庭。实际上，只有我们发自真心地去爱别人，才能拥有从别人那里得到爱的力量。爱是最伟大的东西，可以让你对生活和世界允满热情，也会让你变得健康和长寿。

相信爱的力量，只要你做出努力，只要你是发自内心，那么你就一定可以做到让真爱与你们同行。

保持自我

很多女人都喜欢模仿别人，想让自己和别人一样。她们希望能够跟上潮流，或是让自己散发出明星般的魅力。然而，这种模仿似乎并没有给她们带来成功或是快乐，相反会让她们感到焦虑、痛苦，而且这种焦虑、痛苦是和失败联系在一起的。

对成功和快乐的渴望是女人模仿别人的动机，但事实已经证明这是一种很不明智的做法。因为只有做你自己，才是最快乐的，也是最好的。

保持自我是一项相当重要的事情。如果你做不到，那么你永远都不可能成为一个快乐的女人，因为你总是活在别人的影子里。

一名公车驾驶员有一个梦想成为歌星的女儿。但是，命运并不怎么眷顾这个女孩儿，因为她长得很一般，而且嘴巴很大，还长有龅牙。当她第一次来到纽约一家夜总会唱歌的时候，她为自己的龅牙感到羞耻，几次想要用上嘴唇遮住它。这个女孩儿希望通过这种遮掩来使自己显得更加高贵，但却反倒把自己弄成了四不像。如果她照这样下去，失败是肯定的。

不过命运给了这个女孩儿一次机会，那天晚上有一位男士非常欣赏她的歌，但他也直言不讳地指出了女孩儿的缺点。男士说：“我非常欣赏你的表演，但我知道你一直想要掩饰什么东西。我不妨直说，你一定认为你的牙非常难看。”女孩儿听到这儿的时候已经非常尴尬了，但那个人丝毫没有停下来的意思，而是继续说："龅牙怎么样？那不是犯罪的行为。你不应该去掩饰它，或者你根本就不应该去想它。你越是不在乎它，观众就越爱你。另外，这些让你认为是羞耻的龅牙说不定哪一天会变成你的财富。"

女孩儿接受了她的意见，真的不再去考虑她的龅牙。后来，这个女孩儿终于成为大明星，她就是凯丝·达莱。

有人做过专门的研究，其实我们每个人都具备成为伟人的潜质。之所以没有成为伟人，是因为我们不过只用了10%的心智能力，而剩下那90%却一直不为我们知道。这其中最主要的原因就是人们不能保持自我、正确地认识自我，从而发挥自己的潜能。

女人们，你们是否还在为不能惟妙惟肖地模仿别人而感到痛苦呢？保持自我才是你们获得快乐的最好方法，也是让你们获得成功的最好选择。

很多成功的女性都是因为保持了自我才取得骄人的成绩的。要永远记住，你，是这个世界上唯一的、崭新的自我，你应该为此而高兴，因为没有人能够代替你。你应该把你的天赋利用起来，因为所有的艺术归根结底都是一种自我的体现。你所唱的歌、跳的舞、画的画等，一切都只能属于你自己。你的遗传基因、你的经验、你的环境等一切都造就了一个独特个性的你。不管怎样，你都应该好好管理自己这座小花园，都应该为自己的生命演奏出最动听的音乐。

与人为善会使自己快乐

有一位非常有名的心理学家曾经和我说过：“当我对我的病人进行治疗时，我总是会对告诉他们，不管在什么情况下，他们每天都应该找一个人作为目标，然后努力地使那个人得到快乐。我可以保证，他们绝对会在两周之后变得健康快乐。”

萧伯纳曾经说过：“真正不快乐的人往往都是那些以自我为中心的人，因为他们总是在抱怨世界不能按照他的想法改变。”

与人为善，并不是为了别人考虑，实际上恰恰是为了自己考虑。人生活在社会中，没有朋友应该说是最苦恼的一件事。然而，如果你能够与人为善，那么你就会为自己赢得很多的朋友，同时也会使你体会到生活的真正乐趣。与人为善是一种爱的表现，是一种高尚情操的表现。

萧伯纳有一次在大街上行走，突然间被一个骑自行车的年轻人撞倒在地。看得出，年轻人很慌张，因为他认识这位“声名显赫”的文学家。萧伯纳却幽默地和这位年轻人说：“真不走运，本来你可以借这个机会出名的，只可惜你没有把我撞死。”年轻人不好意思地笑了，而刚才那种非常窘迫的表情也随之消失了。如果萧伯纳不能宽容对待这名年轻人无意的过失的话，那么他的形象一定会在公众心中大打折扣。

当你想要获得快乐的时候，那么你首先要做的就是使你身边的人快乐，因为爱是相互的，也是可以传染的。

怀恩曾经有一段时间真的很难过，整日都处于自怜和忧虑之中，因为她的丈夫已经离她而去。每当圣诞节要来临的时候，怀恩的心情都非常糟糕，因为这使她更加思念和丈夫在一起的日子，以致后来她开始惧怕圣诞节。

这一年的圣诞节，怀恩怀着痛苦的心情漫无目的地在街上走着。渐渐地，她来到了一处离城镇很远的小教堂，这是她以前没有来过的地方。怀恩有些累了，她走进了教堂，坐在教友椅上欣赏一位手风琴手演奏。也许是太累了，怀恩慢慢地睡着了。

当她醒来时，眼前出现了两位小姑娘。可以看得出，这两位小姑娘的家境并不怎么好，因为她们身上的衣服已经很旧了。怀恩走过去，问她们两个为什么没有和父母一起来。这两个小女孩告诉她，她们是孤儿，父母早就过世。这时，怀恩感到无比惭愧，因为和这两位小女孩比起来，自己简直是生活在天堂里。怀恩带着她们看了圣诞树，而且还给她们买了很多糖果、零食以及各种小礼物。

怀恩告诉我，从那以后，她再也没有忧虑和痛苦过，因为她体会到了真正的快乐和幸福。这次经历告诉她，如果想使自己开心快乐，那么首先要做的就是让别人开心。

有人可能会问："我为什么要这样做？这样做对我来说有什么好处？难道真的像你说的那样能够获得快乐的生活吗？"

亚里士多德把与人为善的处世方法称为"开化了的自私"。罗斯特也说过："没有人要求你必须对别人好，它称不上是一种责任。然而，这种做法却是一种享受，它可以让你变得健康，也可以使你变得快乐。”美国的富兰克林也曾经说过：“如果你想对自己好，那么你就首先对别人好。”

第五章

谢谢你能来，也不遗憾你离开

世界上最颠倒众生的，不是美丽的女人，而是最有吸引力的女人。

——［中］柏杨

做有情调的女人

有情调的女人最能打动男人的心，因为男人在粗犷的外表下同样有一颗渴望浪漫的心。情调虽然不能与浪漫等同，但情调却能制造出浪漫。情调其实是一种对生活品质的追求，要求注重个人的生活享受，而且还要有品位地进行文化消费。

那么，究竟怎么做才算有情调呢？坐在高级餐厅，品红酒、听音乐是情调；安静地坐在音乐厅欣赏交响乐是情调；悠闲地坐在咖啡馆喝着咖啡也是情调……

很多女人都把情调和上面那些高级场所联系起来，认为情调是一种奢侈的享受，永远与普通人无缘。事实上，情调是一个女人对生活的品位，是一种思想感情所表现出来的格调。情调与金钱、地位其实没有一点儿关系。

美国心理学家唐纳德·卡特曾说：“现代人面临的压力越来越大，很多人都不堪忍受。因此，不管是男人女人，都需要找到一种方法来缓解这些压力。我认为，最好的也是最有效的方法就是以情调来调节生活。情调能让生活变得多彩，也能让你从中体会到快乐。当然，这些不需要花费你很多钱。”

英国顶级服装设计师乔治·德莱尔也说过：“情调其实并不是一种奢侈的东西，只要你愿意，每个人每天都可以过得很有情调。举个例子，假如我给你一筐梨，里面有一些是烂的，那么你该怎么处理？有人会说先吃烂的，因为那样可以给自己节省下一部分。可是，当你吃完烂梨的时候，发现原来好的也已经变烂了。这样，你吃到的永远是烂的。也有人说先吃好的，因为那样可以让自己享受到美味。可是，当你吃完好梨的时候，那些烂梨已经没法要了。这样，你就浪费了很多。其实，你只要动动脑筋就可以了。为什么不把烂的那部分挖掉，然后煮成梨水，并在这个过程中把那部分好梨吃掉？这可是一举两得的好办法。显然，这不会花费你很多的时间和金钱，然而却可以让你的生活变得有情调起来。”

只要你有一颗热爱生活的心，那么你就一定可以通过情调来让自己的生活发生改变，也同样能用情调获得男人的爱。女人一生要扮演很多角色，女儿、女友、妻子、母亲，而如果你能够将每个角色都做得尽善尽美，让自己的生活充满情调的话，那么你的心情将明媚许多，你身边的人的心情也会明媚许多。

情调女人深知自己最需要的是什么，她们会安排好自己的生活，也会维护好自己生命中最重要的东西。只有懂得情调的女人才能真正地爱别人，也才能让自己真正地快乐起来。只有女人自己快乐了，她身边的男人才会快乐。爱情虽然是个很难说清楚的问题，但快乐却是爱情中不可缺少的因素。

上面所说的内容都是告诉女人制造情调生活的重要性。实际上，要想获得一份永恒的爱，懂得制造有情调的爱情也是很重要的。很多女人认为爱情就是两个人互相喜欢，互相帮助，然后组建一个家庭，生儿育女。的确，现实中的生活就是这样，然而爱情是一个浪漫的词语，它无时无刻不需要情调来调试。没有情调的爱情将是枯燥乏味的。

要想真正成为一个有格调的女人，还要自己逐渐摸索。男人喜欢有格调的生活，更渴望有格调的爱情。因此，如果你想让中意的男人喜欢你，那么你就一定要做个格调女人。

为悦己者容

你在赶赴约会之前都会做哪些准备呢？是坐在家中默默等待约会的到来，还是抓紧一切时间精心打扮一下自己？大多数女人会选择后者，因为她们都想让自己喜欢的男人看到自己漂亮的一面。这不是虚荣，更不是虚伪，而是一种正常的心理。事实上，很多女人都以在男人面前炫耀魅力为荣耀。

对于后者，我们暂且不说，先说说那些不愿打扮的女性。这种女性往往独立和自主性比较强。在她们看来，取悦男人是一件耻辱的事情。特别是一些女权主义者，她们更不会为了男人而去梳妆打扮，用她们的话说："我穿什么衣服，化不化妆，这都是我自己的事，和任何一个男人都丝毫没有关系，即使是我所爱的男人。"

如果女人有这种想法，那么就说明你还没有做好争取爱的准备。的确，爱是不能以外表来衡量的，虚有其表的爱情不是真爱。然而，不得不承认，男女之间产生爱情的第一步就是感官上的认识，主要是视觉和听觉。试想一下，如果你没有给一个男人留下很好的第一印象的话，那么想要和他继续交往将是件很困难的事。

一个经营婚姻介绍所的人说："我们曾经安排过几千对男女约会。根据我的经验，那些双方都很重视约会，并且愿意为约会而精心打扮一番的男女的成功率要远比那些有一方或双方都不愿打扮的男女的成功率高得多。其中，如果女方在约会的时候没有修饰自己的话，那么第一次约会的成功率几乎很小。这并不是说男人都很好色，而是因为如果一个女人不化妆，穿着很随便的衣服去约会的话，那么男人就会觉得她是在轻视自己，从而放弃与她交往的想法。"

男人是一种自尊心很强的动物，特别是当他们与女人交往的时候，更希望满足自己的自尊。因此，女人穿上自己精心挑选的衣服、化上适宜的妆的做法并不是取悦男人，而是满足男人的自尊心。当满足了男人的自尊心以后，女人实际上就已经把男人征服了一半。其实，男人就是这么简单的动物，他们找妻子有时候就是为了满足自己的自尊心。

因此，女人要放下自己的自尊心，不要把为了男人而打扮看成是一件非常可耻的事情。事实上，你为约会而打扮自己这样的做法非但不会让男人轻视你，反而会赢得男人更多的青睐，因为他们喜欢你重视他。

女人要懂得如何主动出击，为自己获得一份渴求已久的爱情。其实，很多女人都有这样一个错误的观念，那就是她们认为精心打扮是自己的事，只要自己喜欢的，那么对方也一定会喜欢。事实上每个人的审美观点都是不一样的，特别是男人在看待女人的时候往往有一套他们自己的审美观念。如果女人不顾男人的想法，执意要根据自己的意愿来梳妆打扮的话，那么结果肯定是会让每一次约会都不欢而散。

约翰·查尔顿曾经这样写道："青年男女恋爱成功的第一个前提就是让对方有一种愉悦感。这一点对于女人更为重要。作为女性，你们不妨按照男人的意愿来打扮自己。虽然那会让你们觉得有一点儿委屈，但却可以让你心中理想的对象更加爱你。从心理学角度来说，男人看到一个女人愿意为了自己而改变，那么他就会认为这个女人十分的爱他。通常情况下，男人在面对这种女人的时候都会紧抓不放，因为他们希望自己有一个懂事的妻子。”

女人能够为自己的男人打扮，那是因为这样做可以让你获得男人的爱。不过，这种付出是有底线的，也是有前提的。并不是说女人为了让男人开心就需要完全按照他的意思去做。有时候，一味地迎合也不会有幸福可言。

羞涩的诱惑力

曾经有一项对1000名男性进行的调查：在他们心里，什么样的女人才是最美丽的？结果，1000名男性分别给出了各种各样的答案，有的说脸蛋漂亮，有的说身材苗条，还有的说气质高雅。可是，当问他们认为女人在什么情况下最美丽的时候，那1000名男性几乎都回答说：“羞涩的时候。”对于所有的男人来说，最无法抗拒的就是女人的羞涩。女人的魅力有千百种，女人也可以通过各种各样的方式来吸引男人的注意。但是，不管什么方法都不能和羞涩相比。懂得羞涩的女人永远都是最美丽的。

“羞涩”这个词似乎已经离现代的女人越来越远。的确，干吗要羞涩？在这个竞争如此激烈的社会，羞涩又能起到什么作用呢？你害羞，那好你就别想找到一份工作；你害羞，那你就别想领到高薪水；你害羞，那你就别想升职……很多女人都认为只有性格泼辣、做起事来风风火火的人才能在这个社会上更好地生存。至于羞涩，那都是几百年前童话里的东西了。

如今不管遇到什么事，如果你不去主动争取的话，那么成功的可能性将会小很多。不过，女人并不能因此就否定了羞涩的重要性。事实上，人类最天然、最纯真的情感表现就是羞涩。这是一种难为情的心理表现，往往与带有甜美的惊慌、紧张的心跳相连。当人们感到羞涩的时候，他的态度就会显得有些不自然，脸上也会泛起红晕。

对于女人来说，羞涩是你独具的特色，也是你特有的风韵和风采。有时候男人也会羞涩，但是最迷人的且出现频率最高的还是女人的羞涩。羞涩常常会让一个男人显得有些狼狈甚至可笑，但它却会让一个女人看起来魅力非凡。相反，如果一个女性缺少了羞涩，那么势必就会失去应有的光彩。羞涩是属于女性的，也是女性的特色之美。康德曾经说：“羞涩是大自然蕴含的某种特殊的秘密，是用来压制人类放纵的欲望的。它跟着自然的召唤走，并且永远都与善良和美德在一起。”

很多艺术家也都把眼光放在了女性的羞涩美上。伯拉克西特列斯创作的《柯尼德的阿弗罗狄忒》和《梅迪奇的阿弗罗狄忒》这两幅雕塑作品都反映了女性的羞涩之美。羞涩就像一层神秘的轻纱，轻轻地盖在女人的身上，让她们看起来有一种朦胧感。对于男人来说，含蓄的美最有诱惑力，最能激发他们的想象。因为，当女人表现出羞涩时候，男人将会为你如痴如醉，痴狂不已。

斯泰尔夫妇大概是美国最令人羡慕的一对夫妻了。他们结婚已经有30年了，却每天都过着犹如初恋般的日子。两个人会经常送对方一些礼物，每天都要到附近的小树林中散步。对于大多数夫妻来说，结婚后如果还经常说一些情话简直是一件太过肉麻的事情，而在斯泰尔夫妇看来，那真是再正常不过了。斯泰尔先生曾经毫不掩饰地说，他每天晚上都要和妻子说："晚安，我的甜心。"

究竟是什么东西使得这对夫妇永保新鲜感呢？斯泰尔先生说，他们的关系之所以能够保持亲密如初，这和他妻子有着很大的关系。原来，斯泰尔夫人生性有些腼腆，很容易害羞，就算结了婚也依然如故。斯泰尔先生说："我妻子很害羞，对我也是一样。有时候，我送给她一件小礼物，她的脸会非常红，还会小声地和我道谢。在别人看来，我妻子也许有心理疾病，因为她对丈夫不应该这样。事实上，我妻子在其他事情上都很正常，唯独在我们夫妻关系上显得羞涩。然而，正是她的这种羞涩让我如痴如醉，感觉她依然是我以前所爱恋的那个姑娘。因此，我总是尽力讨好她，让她开心，因为我实在太陶醉于她羞涩时的样子。"

然而这位斯泰尔夫人跟其他人交往一点儿也不腼腆，而且还非常健谈。我问她这到底是怎么回事，她回答我说："以前的我确实很害羞，但是经过这么多年我已经不再那样了。可是，我知道我丈夫非常喜欢以前那个胆怯的、爱红脸的小姑娘，所以我就在他面前依然保持原来的样子。这很有效，因为丈夫总是把我当成那个小女孩。他会记得我的生日，还会送给我一些礼物。同时，他仿佛对我有说不完的甜言蜜语。”

女人的羞涩是有着惊人的魅力和功能的。它可以唤醒两性关系中的精神因素，从而使得两性之间的生理作用减弱许多。在这个世界上，没有任何一种色彩能够比女人的羞涩更美丽。

女人没有必要刻意去学习，因为羞涩是女人的天性。想一想，当你第一次收到男朋友的礼物时是什么感觉？当他第一次约会你时你是什么感觉？当他向你求婚时你是什么感觉？多想想这些，那么你就能体会到什么是真正的羞涩了。

然而，很多女人还存在一个误区，那就是认为羞涩就仅仅是不好意思，甚至是胆怯。诚然，羞涩中要包含一点点胆怯，那样才会产生一种朦胧的美感。可是，如果一味地退让、妥协、不敢出击，那么就不是羞涩了，而是懦弱。温柔和懦弱不是一回事，同样羞涩和懦弱也不是一回事。女人千万不要为了得到男人的爱而放弃了自己的原则，那样的做法是得不偿失的。

刻意追求表现出来的羞涩也不好，它不但不会给人一种美感，反而会引起人们的反感。只有发自内心的、最纯真、最朴实的羞涩才是最有诱惑力的。

用柔情结网

麦克·肯特曾经说过："聪明的女人懂得如何运用她的温柔。事实上，不管是男人还是女人，都对女性的温柔有着一种天生的好感。女人的温柔无疑会给周围的环境增添一些亮色和温暖，可以让对方的情感找到归依。"人际关系学大师斯蒂芬·霍尔曼也曾经直言不讳地说："相信没有人会喜欢一个自私、贪婪、任性的女人，可是如果这个女人学会了温柔，那么她一样可以交到很多朋友。相反，即使女人身上有千个万个人类的美德，只要她没有温柔，那么也不会成为受欢迎的人。我虽然没有找到最根本的原因，但是我知道所有的人都喜欢温柔的女人，这是不争的事实。"

女人中意的男人就是"鱼"，而女人就是想要得到鱼的人。与其坐在那里终日空想如何得到男人的爱情，还不如回家行动起来，编一张能抓住男人心的"网"。

那么，究竟用什么才能编织出最好的网呢？答案是柔情。温柔的女人是最可爱的，也是最受欢迎的。如果女人想成为大家眼中的魅力天使，那么温柔是必不可少的。同样，如果女人想获得男人的青睐，那么温柔则更加重要。

田纳西州立大学心理学教授布拉德·卡莫尔曾经说："女人的温柔最令男人无法抗拒。在男人眼里，温柔的女人是最美丽、最迷人的。男人可以忍受女人自私、无礼、贪财、任性，但绝对不可能忍受女人不温柔。事实上，男人在寻找伴侣的时候，并不想给自己找一个领导、火药桶或是监工。他们希望自己的伴侣能够理解他们、关心他们，并且让他们的心理得到安慰，而这一切都是以温柔为基础的。”

杰希卡在一家公司做打字员。坦白地说，杰希卡是一个外貌普通得不能再普通的女人了。然而，让任何人都想不到的是，追求杰希卡的男士非常多，其中不乏相貌英俊、事业有成的人。当有人问她使用什么方法抓住男人的心的时候，杰希卡不好意思地说：“我也不知道。我只是按照我的一贯作风去做的。”但几位追求者异口同声地说：“杰希卡太温柔了。”

那几位男士说他们和杰希卡在一起有一种非常舒服的感觉，那种感觉无法用言语来形容。杰希卡从来没大声和他们说过话，也很少抱怨或唠叨，更不会随便地因为某些事就和人发生争吵。在他们的印象中，杰希卡好像从来就没有发过脾气，更别说和某个人大打出手。在那些人眼中，杰希卡就是女神，就是他们一直都梦寐以求的理想女性。

女人即使不想成为像杰希卡一样的大众情人，也不会愿意让自己心仪的男人不喜欢自己。那么，你最好的选择就是学会温柔，用柔情结网。

保持独特魅力，让男人着迷

“潮流”大概是女人最敏感的词语了。我们身边不乏那些追赶潮流的人，特别是女性。当然，追赶潮流并不是一件错事，毕竟爱美之心人皆有之，更何况爱美还是女人的天性。然而，一些女人却是在毫无理智的情况下盲目追求潮流，结果不只弄得自己身心疲惫，而且还得不偿失。

一些女人为了讨自己心仪的男人欢心，不惜花费大量的金钱和精力去追赶潮流。然而，潮流变化得太快，还没等反应过来就已经发生改变。于是，很多女人在追赶潮流的过程中体力不支，只得败下阵来。

苏菲亚是个时髦女郎，同时也是个痴情种子。为了让自己和男友的爱情永保新鲜感，她每月都会将自己薪水的绝大部分花在梳妆打扮上。女人都知道，一些新款服装在刚上市的时候价格总是很贵的，所以很多精明的人总是会过段时间以后再买。可是苏菲亚不这么认为，她觉得等到所有人都可以穿上新款衣服的时候，那就不能体现出自己的魅力了。因此，每当一款新式的服装刚上市，苏菲亚就会毫不犹豫地把它买下来。因此，周围的人都开玩笑地说：“有了苏菲亚在身旁，根本不用去买时装杂志就可以知道最近的潮流。”

本来，苏菲亚以为自己这样做一定会让男朋友更爱自己，可谁料想男朋友突然有一天提出要和他分手。同时，男朋友告诉她，自己已经爱上了另一个姑娘，而那个人就是苏菲亚的同事玛莎。苏菲亚不能理解，不明白自己为什么会失败。事实上，那个玛莎可谓没有一点儿品位，一年四季几乎都是那套老掉牙的职业装。男朋友对她说：“苏菲亚，事实上我从没有真正留心过你穿什么衣服。即使你穿的是最时髦的衣服，在我看来也没什么分别。相反，正是因为你不断地追求时髦，反而使我认为你是一个只知道花钱不知道赚钱的人，所以我只好选择放弃。”苏菲亚显然不服气，愤怒地说：“即使这样，你也不应该选择玛莎啊？”男友摇了摇头说：“你错了，苏菲亚。虽然玛莎总是穿着职业装，但在我看来却是魅力非凡。尽管她显得跟不上潮流，但她却始终都保持着自己一贯的风格和独特的魅力，也正是她这种职业女性的魅力征服了我。”

也许，直到现在苏菲亚也不知道自己输在哪里。她追求潮流没有错，但那同样让她失去了自我。也就说，社会上流行什么她就是什么样子，而一旦不流行了她就改变样子。对于男人来说，恐怕没有一个人会喜欢这种“千面女郎”。相反，他们的心更容易跟着那些能够永远保持自己独特魅力的人走。

每一个女人都想将自己最漂亮、最有魅力的一面展示给自己心仪的男子，这也是无可厚非的事情。然而，如果女人不能保持住自己的一贯风格的话，那么男人们的心很快就会改变。道理很简单，因为你没有什么地方真正让他痴迷。因此，要想让男人为你着迷，那么最好的办法就是在穿衣打扮上保持自己的风格。

要保持自己的风格，并不是说女人要像玛莎那样一年四季只穿一种衣服，而是要根据自己的外形条件和内在气质来选择着装，将自己最有魅力的一面展示给大家，不是随波逐流，盲目追求时尚潮流。

女人的独特魅力不仅包括外表上的，同时还包括很多内在的东西。

娜沙新交了个男朋友，所以这段时间正沉浸在甜蜜的爱情之中。娜沙非常看重这个男朋友，的确，这位年轻的小伙子不仅仪表不俗而且还事业有成，是很多姑娘梦寐以求的未来伴侣。应该说，这位小伙子也很喜欢娜沙，因为娜沙性格温柔，颇有淑女风范。

有一次，娜沙和男朋友一起看了一场电影。回来以后，小伙子一直说电影中女主角的扮演者不错，把一个泼辣果敢的女人塑造得活灵活现。娜沙听完之后，以为自己的男朋友一定喜欢那种类型的女人。于是，她暗下决心改变自己。

然而，就在她改变的第三个月，男朋友提出和她分手，理由就是受不了她的泼辣。娜沙委屈地说，自己做所的一切都是为了他，因为他曾经说过喜欢电影里那种类型的女孩子。小伙子这时才知道了事情的原委，于是对娜沙说："你就是你自己，干吗要学别人？我说那个女主角不错，是因为她不过是虚构的一个人物。而你，娜沙，却是实实在在的。我当初之所以选择你，就是因为你的温柔，然而你却放弃了自己。对不起，现在的你我无法接受。”

在现实生活中，这种事情并不少。很多女人都对自己没有正确的认识，往往把羡慕的眼光投向别人。为了让自己充满魅力，她们不惜改变自己的外表、行为习惯乃至思维方式，极力模仿自己心中的偶像。然而，模仿毕竟是模仿，永远无法与最真实的气质流露相提并论。结果，这些女人不但失去了自我原本的魅力，而且也让心仪的男人开始疏远她们。

罗兰在一家大公司任行政总监。也许是工作上的原因，她总是给人一种高傲、不可亲近、冷冰冰的感觉。在罗兰看来，任何事都比不上工作重要，因此她也总是给人一种精明能干的感觉。

在很多女性的眼中，罗兰是一个典型的“怪物”，根本不会有任何人喜欢她。她们的理由很充分，那就是没有一个男人不希望找到一个温柔体贴、把家庭摆在第一位的妻子。可是，事实却并非像别人想的那样。夸张一点儿说，罗兰女士的追求者大有人在。很多男人都希望能够娶到这样一个妻子。

当问起那些男人为什么会对罗兰如此着迷的时候，他们回答说：“尽管她冷若冰霜，而且还是个工作狂，但她身上那股独特的魅力却让人无法抗拒。如今，很多女人为了让自己显得有魅力，经常会刻意地做出一些举动。比如，有的女人明明性格豪爽一些，却非要装出一副小家碧玉的样子，结果让人感到不自然。而有的女人明明是属于温柔体贴类型的，却非要装出一副豪放的样子，结果让人觉得不伦不类。可是罗兰从来没有过，她永远都把最真实的一面展示出来。坦白地说，正是她这种真实的展现才征服了我们。”

有一位心理学专家曾经说：“男人都有一种很奇怪的心理，那就是他们一方面希望女人为了他们而去改变自己，另一方面又希望女人能够坚持住自己的本色。不过，两者相比较起来，男人更希望认识的是女人的本来面貌。男人都不希望自己的判断有错误，他们对自己做出的决定很有自信。因此，如果女人能够表现出自己独特的魅力，那么他们就会为之而倾倒，而且暗自为自己做出的正确决定而高兴。此外，很多人都认为男人最容易见异思迁，其实男人只是冲动性地想要获得新鲜感，他们更渴望得到的是女人那种让自己永远着迷的魅力。”

独特魅力并不是一些不好的习惯和行为，而是真正能够散发出光芒的内在气质。比如，如果你真的不会温柔，而且温柔也不适合你，那么就不要改变。当然，前提是你的“不温柔”必须是豪爽，而不是粗鲁。因为前者是魅力，后者则是陋习。

第六章

情场不输人，职场不输阵

和丈夫志同道合，就是婚姻美满的一个基础。

——［美］卡耐基夫人

鼓励他从事合适的职业

彼得·斯德克博士所写的《怎样停止谋杀自己》一书中有一段话论述得非常精辟、独到：

那些太太真的应该受到强烈的谴责，因为她们一直都非常过分地强求自己的丈夫。她们的要求永无止境，希望自己的丈夫不知疲倦地奔跑，以此来挣得财富、名望以及高水平的物质生活。而这些女人的目的仅仅是为了超过他们的邻居。

这种女人的天性就是很势利的，但后天的影响更刺激了这种天性。她们并没有认识到强迫自己丈夫去从事一项他不喜欢的职业是件多么危险的事，尽管那份工作看起来很体面，而且也能给家里带来很高的收入。

莱斯是个很爱面子的女人，也喜欢在别人面前夸夸其谈。莱斯骄傲地说：如今她丈夫已经是一家公司的白领了，她似乎也进入了上流社会。

他们刚结婚的时候，莱斯的丈夫是一个非常不错的电焊工。虽然每天的工作有些累，而且收入也不是很多，但他生活得非常快乐。可是，莱斯对这一切并不满足。她羡慕别人的丈夫每天都拿着公文包体面地去上班，而自己的丈夫带的却是一个便当。为了让自己能够体面地生活，莱斯开始干涉丈夫的工作。

在妻子的督促下，这个本来快乐的年轻人来到了一家大公司，做起了文员。他不再拿电焊机了，因为他的手要拿笔了。如今，在太太的帮助下，他已经接连升了几级。可是他并不喜欢这种安静的、枯燥的工作，因为电焊工才是他最喜欢的工作。因此，现在莱斯的丈夫过得非常苦恼。不过莱斯却不这样认为，她终于可以在别人面前夸耀了，因为是她让丈夫从一个不值钱的工人变成了一个受人尊敬的白领。

强迫你的丈夫去做一项他不喜欢的职业，结果只能是让他感到非常委屈。有些工作确实很让人羡慕，但这并不代表会给所有的人都带来快乐。如果强迫你的丈夫离开他所喜爱的职业，那么无疑你就是在自掘婚姻的坟墓。

珍妮·维斯特是个幸运的女孩儿，因为她有着漂亮的外表，而且还继承了一笔巨额的遗产。所有的人都认为，珍妮一定可以嫁一个温文尔雅、英俊潇洒的丈夫。就在1826年，她结婚了，丈夫名叫托马斯·卡莱尔，一个顽固不化的、根本没有什么前途的青年。珍妮的很多朋友都不理解她为什么这样做，都在背地里说："看珍妮都干了什么？她是不是疯了，居然会嫁给一个没有一分钱的穷光蛋。这下可好，她算是葬送了自己的幸福。"

事实是这样吗？不，那些人错了。因为托马斯以及他和珍妮的婚姻已经成为一个传奇故事。如今很多人都知道《法国革命》和《克伦威尔的一生》这两部巨著的作者是托马斯，而且很多读者把托马斯当成偶像一样崇拜。不光这样，托马斯·卡莱尔还成为爱丁堡大学的名誉校长，而他们的家，如今也已经成了那些文学天才的聚会场所。

很多女人都非常羡慕珍妮，因为她们也盼望自己能够像珍妮那样幸运，嫁给一个十分有潜力和才华的丈夫。珍妮能够幸福并不仅仅因为她丈夫是个很有才华的人，更主要的是她为丈夫做出了很多牺牲。

珍妮原本也是一位诗人，可是为了丈夫，她甘心放弃了自己的爱好。后来，她花钱在苏格兰乡村一个偏僻的地方盖了一间房子，目的是让自己的丈夫能够不受干扰地在那里安心写作。珍妮从来没有抱怨过，也没有想过要自己的丈夫改变什么。她学会了缝衣服，做一名俭朴的家庭主妇。托马斯的身体不好，有慢性胃病，所以珍妮必须十分细心地照料他。当丈夫的心情郁闷时，珍妮又成了最好的倾听者。

后来，托马斯成功了，也出名了。像其他文人一样，托马斯受到很多漂亮女人的倾慕。可是，珍妮对这一切都从来没有在意过，因为她知道，那些丈夫忠实的追随者能够给他的作品吸引来更多的注意力。

如果说珍妮身上什么优点最值得人敬佩，那么无疑就是她从始至终都没有想过要改变自己丈夫的个性。有的出版商为了打开销路，特意把珍妮写的信印在了托马斯的书后面，现在，这封信已经非常有名了。信里有这样一段话：

我不认为所有人都变成一个模式是一件好事。相反，我希望我可以拿着一支笔，在每个人的周围画上一个圈，然后告诉他们，永远不要走出圈外，因为只有在这个圈内你才能将自己的独特个性发挥出来。

如果换了别的女人，大概她们早就想尽一切办法来改变托马斯·卡莱尔个性中的那些不合时宜、顽固不化的地方了。当然，这一切都是为了托马斯好。珍妮却一直都把思路放在如何发挥丈夫的个性上。道理很简单，她喜欢托马斯本来的个性，因为那才是真正的他。同时，珍妮也非常希望整个社会能够接受真实的托马斯·卡莱尔。

应该说，托马斯是个幸运的男人，因为他有非常懂事的妻子。可是似乎并不是所有的太太都能这样明事理。

如果你真的希望自己的丈夫能够取得成功，那么就请你不要强迫他去做你认为合适的职业。你应该珍惜他、鼓励他、默默地配合他的工作。永远都记住，千万不要硬逼着他从事不合适的职业，你要做的就是让他自由地发挥自己的才能。

帮丈夫确定目标

凡是那些生活散漫的人都不可能成功。他们的生活没有的目标，没有计划，什么事都是稀里糊涂地去做。虽然他们自己没有进取心和动力，却终日做着成功的美梦。

如何帮助丈夫确定目标？那就是不断给他制订出新的目标。

所有夫妻都希望能够拥有快乐的婚姻生活，而造就快乐婚姻的基础就是共同的生活愿望。不过，我们必须搞清楚，这种共同的愿望不一定是非常远大和重要的，可以是买一栋房子，也可以是拥有一个大家庭，或仅仅是去旅行……这些都可以，因为最重要的是有一个共同的生活愿望。

目标是第一位的，接下来就是去尽力实现它。快乐美满的生活就是来自对未来生活的规划、幻想以及设计，而夫妻之间幸福的婚姻生活则是来自共同享受生活中的成功与失败、希望与失望。

威廉·格勒罕是美国堪萨斯州威基塔市一家最大的石油公司的总裁，这可是一家能够获得丰厚利润的公司。这家公司是威廉·格勒罕先生一手创办的。早在还是个孩子的时候，他就已经会从投资、经营石油中牟取利润了。再看看现在他和他的妻子，他们有着令别人羡慕不已的财富，而且身体健康，拥有四个聪明可爱的孩子以及成功的事业。

有人向威廉·格勒罕请教他成功的最大秘诀。他微笑着说："这一切和我妻子的努力是分不开的，因为是她一直陪伴在我身边，和我一起为实现我们一个个新的目标共同努力。"

在威廉·格勒罕夫妇刚结婚的时候，他们先是尝试着做房屋不动产买卖。那时候，他们的处境很困难，因为他们除了能够收到一点儿可怜的佣金以外，没有任何经济来源。既然做生意，办公室是必不可少的。然而，当时的格勒罕夫妇只能在一栋大楼的一角租一间办公室，而且这个房间还挨着废弃的通道。白天的时候格勒罕夫人在办公室联系生意，格勒罕先生则外出寻找业务。那段时间，业务简直少得可怜，而这对新婚夫妇也经常是三餐无着落。

不过后来，业务终于有了转机，格勒罕夫妇的手中也有了一些积蓄。于是，他们开始购买房子，接着再卖出去，后来干脆自己建造房子往外卖。他们的目标终于实现了，因为他们确实已经经营起了自己的房地产生意。可是，威廉·格勒罕先生并不满足。他认为自己还太年轻，完全有精力去做一些其他的事情。

威廉·格勒罕夫妇召开了几次家庭会议，格勒罕夫人认为，既然威廉在很小的时候就已经在石油领域显示出了天分，那为什么现在不能把它做大呢？威廉十分同意妻子的话，也认为他们应该做石油生意。就这样，威廉·格勒罕的石油公司终于成立了。

如今，威廉·格勒罕夫妇已经把石油公司经营得非常红火了，可他们还不满足。据说，他们已经有了下一步计划，而且也会和以前一样，全力以赴地去实现它。

事实上，威廉·格勒罕夫妇在制订目标的时候并不是随意地、毫无根据地制订。格勒罕太太说：“有时候帮助我丈夫确定一个目标真的是一件非常困难的事。我不能随便给他制订一个目标，因为那样很可能会使他丧失信心。在每次制订目标之前，我都会考虑一下威廉所受过的训练、教育以及他的性情。此外，还有一点是非常关键的。人往往在实现一个目标以后就会丧失奋斗的劲头，因此我和丈夫总是在努力实现了一项目标的时候，便开始寻找下一个非常重要的目标。现在我们过得很充实，也很幸福，因为我们的生活永远是充满了挑战性和成就感。”

一个成功的人生是应该分为制订计划、实施计划、达到目标三个部分的。举一个简单形象的例子，人生就像是一场射箭比赛。不管你的技术有多高，也不管你的弓箭有多精巧，如果你不去瞄准的话，那么怎么可能会射中靶心呢？当然，即使你瞄准了，也并不能保证箭一定会射中靶心，但这总比闭上眼睛去射强得多吧。

哥伦比亚大学一位教授曾经说：“人类产生忧虑的主要原因就是混乱。”模糊不清的思想更是人通往成功路上的最大障碍。

作为丈夫最亲近的、最信任的人，你的义务应该是什么？那就是替丈夫清除那些障碍。

在你帮丈夫确定目标之前，首先要做的就是思考成功究竟对你和你先生有什么意义？它可能意味着很多的金钱、财富，以及权力、地位，也可能仅仅是代表着一种满足。每个人的意识形态是不一样的，因此生活中的成功对每个人的意义也是不一样的。因此，当你找出成功的真正意义后，你就可以开始为丈夫确定目标了。

帮助丈夫确定目标的做法是正确的，但前提必须是你了解这个目标。很多夫妻在开始的时候充满了热情，也各自为自己制订了远大的目标。可是，当他们全身心地投入生活中时，却发现与他们制订的目标的方向竟然是相反的。如果你的丈夫真的有一个远大理想的话，那么你就要能够全身心地投入进去。

爱情是什么？仅仅是两个人对视吗？不，爱情是两个人、四只眼，一起朝一个方向观望。

称赞他的进步，激励他获得成功

每个人，都是由两部分组成的，一部分是真实的自我，另一部分是理想的自我。也就是说，一个在现实生活中非常懦弱的人，他理想中的自我就是成为一个坚强的人；一个对自己没有信心的人，他理想中的自我就是成为一个无所畏惧的人；一个说话口吃的人，他理想中的自我就是成为一个口若悬河的演讲家；而一个平凡的人，他理想中的自我就是成为一个成功人士。

帮助丈夫获得成功（也就是让他变成理想中的那个人）是妻子的责任。那么怎样才能做到这一点呢？不停地指责、无休止地挑剔、老是拿他与那些成功的人相比、逼迫他去做一些不想做的事情……这些不当的做法显然都不能达到目的。作为妻子，应该做的是不停地称赞他的进步，通过激励的方法使他获得成功。

有一位资深的家庭问题研究专家曾经这样说过：“很多女人都不知道赞美——特别是来自妻子的赞美，对于男人意味着什么。当一个男人从妻子的嘴里听到‘亲爱的，你是最棒的，我真为你骄傲！我真的太幸运了，因为我选择了你！你知道吗？你将是我今生最大的荣耀’这类话的时候，没有一个不是斗志十足、意气风发的。对于男人来说，他们最大的动力就是来自妻子的鼓励。”

汤姆曾经参加过二战。在战争中，他的左腿不幸被炮弹击中，落下了终身残疾。不过，他的残疾程度并不严重，因为他还可以进行他最喜欢的那项运动——游泳。

那是一个星期天的上午，他和妻子一起来到了附近的一个海滩度假。汤姆很长时间没有如此开心过了，因此他迫不及待地脱了衣服，在大海中痛痛快快地畅游了一番。游累之后，汤姆从水中出来，安静地躺在沙滩上，享受着阳光的照射。突然，他发现很多游客都在以一种奇怪的眼光看着自己。他意识到，自己左腿上的那些伤疤太明显了，这是他以前从来没有注意过的。

等到下一个星期天的时候，妻子又一次提议到那个海滩去度假，却不想被汤姆一口回绝了。汤姆有些沮丧地说："我才不要去那该死的海滩，与其被人家耻笑，还不如老老实实地待在家里。"

妻子很快就明白了这是怎么回事，说道："为什么？汤姆，你怎么可以有这样的想法？我最了解你了，我知道你已经开始注意你腿上的伤疤了，然而你的那种想法是错误的。你知道吗？这些伤疤象征着勇气，它们给你带来了光荣、荣耀。我不认为你应该把它隐藏起来，你应该让所有人都知道，这是你为国家效力的证明，你可以大大方方地带着它。不要再犹豫了，我们一起去游泳吧！"

最后，汤姆和妻子一起去了，因为他妻子已经替他消除掉了心中的阴影，他的生活将充满光明。事后，汤姆说："不管到什么时候我都不会忘记我妻子对我说的那些话，正因为它们才使我感到无比光荣。"

妻子发自真心的赞美和激励，是丈夫所能听到的最美妙的言语。它会使你的丈夫变成生命中的强者，会让你的丈夫变得无所畏惧，更加会让你的丈夫对成功充满信心。你的赞美和激励就像注入丈夫体内的兴奋剂，使他将自己身体内最大的潜能全都发挥出来。有了目标、成熟心理，再加上不懈的努力和你坚定的支持，等待你丈夫的一定会是成功。

第七章

你的独立，就是你的底气

友善的言行，得体的举止，优雅的气质，这些都是走进他人心灵的通行证。

——［英］塞缪尔·斯迈尔斯

工作着的女人有魅力

一个独立自主的女人能够得到很多人的认可，其中包括同性，也包括异性。在当今的女性群体中，最有魅力的就是那些能够或是渴望独立自主的女人。一个独立自主的女人身上所显露出的那种坚强、勇敢、自信等气质要远比那些依赖性很强的女性身上的漂亮衣服和首饰更吸引人。当然，女人的独立自主主要体现在工作上。

很多人，包括一些女人，都有这样的错误观点：他们认为女性是社会中的弱势群体，经不起现实的冲击。在外面拼搏是男人的事，而女人的主要任务则是好好打扮自己、修身养性，做个称职的妻子。然而，一个女人，不管她是什么学历、什么情况，都应该去工作。那些将自己的终身幸福全都押在男人身上的女人一定会生活得很悲惨，因为那就代表着她们将自己的命运交给了别人。只有工作的女人才最风光，也只有工作的女人才能掌握自己的命运。

一位专栏作家曾经风趣地说："一个连续做了5年家庭主妇的女人会变得唠叨；一个连续做了10年家庭主妇的女人会变得很唠叨；一个连续做了20年家庭主妇的女人可能变得非常唠叨。然而，这种情况在那些有工作的女人身上很少发生。"

这并不是说只要女人工作了就可以充满魅力。相反，如果女人仅仅是为了工作而去工作的话，那么依然与魅力无缘。

美国家庭产品公司的公共关系副总经理埃德娃·克勒夫人说："我认为，世界上最大的悲剧就是一个人不清楚他喜欢干什么、能够干什么。我始终认为，一个人只把眼睛盯在薪水上是不能将自己融入工作之中的。既然无法融入工作之中，那么就不会体会到工作的乐趣。如果连你自己都体会不到工作的乐趣，那么别人从你身上看到的就只有痛苦了。"

女人如果不能找到一份自己喜欢的工作，就不会将自己的热情投入工作之中。这样一来，她们在工作的时候就会产生一种惰性心理和应付心理。试想一下，一个每天虽然能够按时上班、按时下班，但却从来对工作没有产生过激情，而且终日抱怨的女人有何魅力可言？当然是没有，因为人们看到的不是一个享受工作的你，而是一个正在忍受工作煎熬的你。每当说起工作的时候，你都会皱紧眉头、唉声叹气、唠叨抱怨，这实在谈不上什么有魅力。

工作着的女人最有魅力，但这并不是在说只要是有工作的女人就有魅力。只有那些把热情、活力、激情倾注在工作上，并且把工作当成一项事业来经营的女人才能称得上是真正的有魅力。因此，如果女人确信自己能够做到这一点，那就按照自己的想法去做。

心中要有目标

女人，既然参加了工作，那么就一定是想获得成功。很多女人处于这样的状态，她们每天都对自己说：“我要成功，我要成功，我一定要成功……”她们有对成功的渴望，这是必不可少的激情。不过，她们根本不知道成功也是需要先有目标的。

生命的存在是离不开阳光、水和空气的。成功的产生也是与目标分不开的。对于事业上的成功来说，女人的过去和现在是什么样的情况都不重要，因为成功要的是将来，那样的追求才是最重要、最有价值的。

一个奋斗者，也包括各位工作着的女人，如果你想要获得成功，那么最重要的因素就是选择适合自己的目标，并且果断、坚定地做出抉择。

难道有目标就一定会成功吗？同样有目标的人，有的人获得了成功，有的人却没有成功。同样是成功，有的人获得了大成功，有的人只获得了小成功。对于这一切，又怎么解释呢？

其实，这一切都是客观存在的事实，但这并不能否定目标的作用。造成这种差距出现的主要原因是每个人的目标在大小上有着很大的差别。大的目标是一种对事业的追求，而小的目标则仅仅是满足于普通的生活。借用亚里士多德的话来说，人们首先要明白的是：吃饭是为了活着，还是活着是为了吃饭。

因此，如果你想要取得成功，那么心中就必须拥有大的目标。所谓大目标，就是指要做意义和价值比较大的事，同时考虑更多的人和更多的事。它要求人最大范围地解决问题，并在最大的空间和时间里产生重大影响。

事实上，很多人正是因为心中有了目标，所以才最终获得成功的。

沙娜·马科瑞斯是美国少有的女性商业家。在接受采访的时候，她坦然承认，自己的成功主要归功于订立了远大的目标并且努力去完成。

一直以来，任何人都无法对农产品市场的状况做出正确的估计，因此所有人都认为这一行永远都只能是靠天吃饭。然而，沙娜却有不同的看法，她给自己订下了一个目标：一定要研发出一种新的农产品品种，从而直接影响消费者的购买行为。

当然，沙娜制订这个目标并不是头脑发热，实际上她是有充足的理由的。沙娜心里非常清楚，其实农产品和其他行业在本质上并没有多大的区别。当市场比较低迷的时候，只要你有了独特的产品，还是可以站稳脚跟的。相反，当别人卖番茄、马铃薯的时候，你也跟着卖，那么整个市场势必就会出现供大于求的状况。这样一来，你还想获利？那简直是一件不可能的事。正基于此，沙娜才将目标定位于调整市场，依靠产品的独特性来打开市场，从而给自己创造更多的机会。

最后，沙娜女士想到了改良甜椒。这真是个不错的主意，因为如果能够培育出一种从外形到风味都很独特的新品种的话，那么无论是在零售市场还是在批发市场，一定都可以卖得非常不错。就这样，一种名为“皇家红甜椒”的新品种诞生了。这种甜椒刚刚上市就取得了成功，而沙娜女士也实现了自己预先制订的目标。

女人一旦有了目标，就势必会为了实现它而努力奋斗。在这个实现目标的过程中，你可以体会到无穷无尽的人生乐趣，你每一天的生活都会变得充满激情。

如果女人能够养成制订个人成功计划的习惯，那么你就已经和过去浑浑噩噩、平凡度日的你有了本质上的区别。当你为自己的事业和人生制订出一个个的成功计划，并通过努力去实现它们的时候，不管是不是已经取得了最大的成功，你都会惊奇地发现，自己已经不再是那个平凡的人了。这时的你已经取得了过去未曾想到的成就。这就是制订目标的威力，当然前提条件是已经将目标付诸行动。

约翰·扎普曼曾经说过："所有的人都十分景仰那些目标远大的人，任何人都无法与他们相比。历史上有很多人都给我们留下了宝贵的财富，比如贝多芬、达·芬奇以及莎士比亚。人们之所以会对这些人充满热爱，并不是因为他们只是制作一些东西，而是因为他们一直在创造性地发现。"的确，这就是目标的魅力和威力。它能给人带来创造的灵感，从而使人取得非凡的成就。

如果女人一生都是漫无目的地度过，那么你最终将一事无成。美国著名的商业家毕尼斯曾经说过："如果你给我一个心中拥有目标的普通员工，那么我就有信心把他塑造成一个可以改写历史的人。假如你给我一个心中没有目标的员工，那么我只能把他培养成一个合格的员工。"

毕尼斯其实是在告诉我们，目标对于一个组织和团体来说同样是必不可少的，对于组织和团体内的每一个人来说也同样是很重要的。女人不妨细心观察一下，凡是那些运作上有问题的企业，往往最常见的问题就是他们的员工没有热情。我们不能说这些人不敬业，因为他们每天也都按时、按量地完成属于自己的工作。不过可惜的是他们没有目标，因此他们也就不会有热情。

相反，如果一个组织里每一个成员心中都有一个目标的话，那么大家就一定会士气高涨。这是因为目标使这些人心中的想法变得更加具体了，也更加容易实现了。所有人都明确地知道自己要做什么，因此做起事来自然心中有数。

对于个人来说，目标不仅为你的将来设计好了蓝图，更让你拥有了把握现在的力量。希拉尔·贝洛克曾经说过："人人都为自己的未来编织过一个美好的梦境，而如果你时时为这个梦感到后悔的话，那么你手中仅有的现在也将悄悄溜走。"如果女人能够把精力全部集中在当前手上的工作，且心中明确地知道自己现在所有的努力都是为将来的目标铺路的话，那么你就一定可以获得成功。

最后，让我们以道格拉斯·列顿的话来结束这篇文章："当你决定了你的人生追求是什么之后，那么你就已经为你的人生做出了最重大的选择。如果你想实现你的愿望，那么你首先要搞清楚的就是你的愿望到底是什么。"

有了目标就是有了努力的方向，有了方向你才能通向成功。记住，目标是取得成功的最关键一步。

高情商女人容易赢得成功

拥有高智商可以让女人在成功的道路上少走许多弯路，然而坚持、自信、努力、抓住机遇等却是决定一个人是否能够成功的关键，这一切又都是由一个人的情商控制的。事实上，真正能够取得成功的人并不一定是那些拥有高智商的人，但一定是那些具有高情商的人。

有些女人在工作的时候非常情绪化，总是喜欢在情绪好的时候才认真工作。实际上，这是一种很不成熟的做法，那些真正聪明的女人总是能很好地控制自己的情绪，抓住一切可以行动的机会。

著名小说家海伦·波特曾经在她的自传中写道：“每当我发现自己无法安心工作的时候，就逼迫自己先写下一段很粗糙的草稿。不管这草稿是多么粗糙，我都不会去刻意地修饰。然后，当我有灵感的时候再回过头来对它进行修改。说真的，这种做法帮了我不少忙，因为我从来没有无法进行工作的时候。我总是在想，这些书稿反正也不会给别人看，那么我何不暂且不去管它。我所要做的就是硬着头皮把它写下来。此外，每当我平时有什么想法，也不管它是不是成熟，都要写下来。如果我在以后觉得这些不好，那么就可以修改一下。同时，我也在此时前进了一大步。”

正是海伦在自己情绪低落的时候依然逼迫自己继续写作，才最终使她获得了成功。然而，有一些女人在情绪不好的时候就不认真做事，认为这个时候做出的事情一定是最糟糕的。虽然这个时候想出的办法多半是不成熟的、不完备的、很粗糙的，但女人依然可以把它们写下来。原因很简单，当头脑清醒、情绪良好的时候，你们就可以对它们进行修饰和改正了。更为重要的是，如果你们不懂得抓住任何可以尝试的机会的话，那么就永远也实现不了自己的目标。

行动固然是成功的先决条件，但是能够做到踏实肯干、坚持到底才能取得最终的胜利。每一个大的目标都是由若干个小目标组成的，而若干个小目标的实现是需要一步一步来的。学习和成长的过程是相当缓慢的，而取得成功也需要长年累月的积累。那些具有高情商的女人非常明白这一点，因此，她们在为自己的目标而努力奋斗时，愿意一点点地付出、一步步地前进。当遇到挫折和失败时，她们会付之一笑，然后对自己说："没关系，我还有机会。"正是在这种思想的支持下，才使得她们取得了最终的成功。

其次，高情商的女人还具有很强的时间观念。因为她们知道，学习就是要靠平时一点点地积累，所以她们总是严格要求自己，让自己不断地学习。只有不断地充实才能提高自己的能力，从而才能取得最终的成功。

被称为投资界第一女奇才的埃娃·彼得克曾经说："对于一个女人来说，要想获得成功必须要付出比男人更多的努力。她们的心中要拥有坚定的目标，而且要坚持不懈地朝着目标方向努力，一刻也不能歇息。当然，这些都是前提条件，取得成功并不是一件简单的事，它需要我们为之付出巨大的努力。"

专栏女作家艾默丽·巴勒克也曾经在报纸上写道："女人要想获得成功，就必须经过不懈的努力和拼搏。她们可以不是人群中最聪明的人，但一定要是最具热忱而且最顽强的人。我一直都认为，智商并不是决定成功的关键，只有后天的努力才能塑造成功。我们经常会听说一些神童，可他们中很多人都未能取得最后的胜利，因为他们没有付出相应的努力。"

要想获得成功就必须付出努力。只有把你们的热情、精力、时间全都投入到你们所经营的事业之中，才有可能为自己打拼出一片天地。只有那些全身心投入到事业之中，并为之付出巨大努力的人才能最终获得成功。

很多女人在机会面前会显得很胆怯。她们害怕失败，害怕自己会输得一败涂地。机遇中总是存在着风险因素的，但它同样也会让你取得成功。那些具有高情商的女人在机遇面前从不犹豫，因为她们知道一旦错过最佳的时机，那么想获得成功将变得非常困难。此外，高情商的女人除了善于抓住机遇外，还善于发现和创造机遇。她们的眼光总是放在那些“可能”的事情上，而不会去过多地考虑“不可能”。虽然她们知道这是在冒险，但她们依然愿意放手一搏。

还有一点对于女人的成功也非常重要，那就是高情商的女人往往都拥有积极的心态，这使得她们在成功的道路上永远不会退缩。

丽莎到如今已经是第三次创业了。她开过花店、杂货店还卖过服装，不过很可惜，每次创业都以失败告终，然而丽莎却从来没有因此而苦恼过。她总是对别人说：“这有什么？成功就是由无数的失败组成的。虽然我失败了，但是我还没有完全垮掉，还依然可以重新振作起来。每当我看到清晨的太阳时，总是会有一种重新开始的感觉。太阳每天都会升起、落下，如果我把注意力放在升起的时候，那么我每天都会充满了激情。相反，如果我把注意力放在落下的时候，那么我每天都会生活得很消沉。”

正是在这种积极心态的暗示下，丽莎才在第四次创业的时候取得了成功。如今，她已经是纽约一家大型超市的一名董事了。

此外，高情商的女人还会时刻给自己以积极的心理暗示，从而让自己以最饱满的状态面对各种挑战。肯定的力量是不可思议的，所以要经常对自己的行为做出肯定，哪怕是一点点、很微小的肯定，那对你也将非常有用。

最后，高情商的女人往往都是处理人际关系的高手。每一个人的成功都不可能是孤立的，总是和其他人有着必要的联系。事实上，一个人的成功就是在很多人帮助的基础上实现的，所以人际关系对于成功来说也至关重要。

美国钢铁大王安德鲁·卡耐基曾说：“我之所以有今天的成就，和很多人的帮助是分不开的。事实上，我并不是十分了解钢铁行业。然而，我却在这行取得了成功。这是因为有一批钢铁界的高手在给我提供帮助，将我推向了成功的巅峰。我和这些人相处得很融洽，从来不会吝啬我的赞美和感激之词，当然还有我的微笑。相信，如果我只是他们的老板而不是朋友的话，我绝对不会取得今天这样的成就。”

女人的职场第一原理

女人在进入职场之后所面临的第一个，也是最重要的问题就是如何与自己的上司相处。如果女人在开始就不能和上司搞好关系的话，那么不仅会让你以后的工作很难展开，同时还有可能断送了你得来不易的工作。

韦妮娜在一家公司才工作了三天就辞职了，理由是她实在受不了那个骄横跋扈的上司。原来，韦妮娜的上司是个脾气暴躁的人，经常对他手下的员工发火。不过，那些公司里的老员工都很清楚，上司不过是骂两句而已，并不是真的想要伤害到谁，所以老员工们往往都选择沉默。而韦妮娜却不能忍受这种“屈辱”，她认为，自己是来工作的，并不是来这里被别人辱骂的，所以最后她选择了愤然离职。

也许韦妮娜以后真的能够找到一份更好的工作，但她却无疑是浪费了一次机会。最主要的是，韦妮娜在工作的时候往往以自己的标准来要求上司，恐怕能让她开心的工作真的不太好找。因此，学会如何与自己的上司相处是一件很重要的事情。

然而，与上司搞好关系并不容易，因为每个人都有自己的个性，想法也各不相同。也许，你的个性和想法正好与你的上司相反，这样一来就势必会产生冲突，从而影响你与上司的关系。面对这种情况应该如何应对呢？如果选择置之不理或是干脆愤然离去的话，那么就太不明智了，因为这是最消极的一种做法。事实上，聪明的女人在遇到这种情况时，往往会想办法尽快适应自己的上司，这也就是女人的职场第一原理。

要想做到能够适应上司，你首先就要研究自己的上司，因为只有对自己上司的情况了如指掌，才能想出合适的应对策略。

给上司留下良好的第一印象无疑会有助于日后和上司相处，

所以你一定要把握好这次机会。当然，在与上司接触之前，首先要对你的上司进行一下小调查，不必烦琐，只需实用就可以了。这么做主要是为了在与上司交谈时能够找到共同的话题，以免在谈话的过程中出现尴尬的局面。

辛蒂斯曾经顺利地通过了一家大型百货公司的面试，并且成功地见到了那家公司的高层领导。可是，由于她事先没有做好准备，所以对上司所谈的问题一无所知。这虽然没有给她带来太大的麻烦，但却使上司对她的印象大打折扣。

因此，在与上司见面之前，你一定要想好该与上司谈论什么问题，而且最好是选择那些上司感兴趣的话题。此外，你在与上司第一次见面的时候，最好不要谈论过多的问题，一定要想好问题的重点。如果你的上司跑题了，那么你应该想办法把话题拉回到你想谈的重点。

万万不可只是机械地把自己的问题全部抛出去。第一次见面的机会非常有助于你对上司有一个大致的了解，比如，你可以了解上司的外貌、气质、言谈举止以及风度等。

同时，在与上司的交谈过程中，还可以试探性地问一下上司，看看他对你有什么期望和要求。这样一来，你就可以有备无患，避免在以后的工作中不知所措。

此外，还有一点很重要，你应该抓住这次机会充分地表现自己。毕竟，所有的上司都希望得到一个聪明能干的员工。

有了第一次见面以后，就可以开始对自己的上司进行“调查研究”了。不过，我所说的研究并不是指简简单单地知道上司的名字，或者是通过一份资料或一本书来了解他，而是说你应该发动各种关系，从上司的身边入手，通过各种渠道获得和上司有关的信息。这样有助于你对上司有一个全面性的了解。

萨拉刚刚找到一份工作，是在一家公司做产品设计员。为了让自己的工作能够顺利展开，她决定主动和上司搞好关系。可是她知道，自己进入公司的时间不长，与上司接触的机会也不多，如果贸然行动的话，说不定反会给自己招来麻烦。于是，她就开始留心身边的人。经过一段时间的观察，她发现上司对设计部的一个同事非常信任，所以她就开始接近那个同事，并从她口中得知了许多有关上司的信息。如今，刚刚工作三个月的萨拉已经成为上司眼中的红人，这无疑要归功于她的“聪明才智”。

你在收集有关上司的信息时，一定要有所选择，千万不要胡乱地将所有和上司有关的信息全部都找来。那样的话，不但对了解上司没有好处，反而会让你不知所措，找不出最佳的方法。那么，究竟什么样的信息最为重要呢?

首先要了解的就是上司的人格和处世哲学，因为这直接影响到他的做事风格和行为习惯。关于这方面，可以通过了解上司的个人经历来研究，这样你就能明白他为什么会有那样的习惯和做事风格了。此外，通过研究，还能让自己清楚在日后的工作中应该注意哪些问题或是应该回避哪些问题。

如果你能很快地适应上司的做事风格的话，那么无疑就会增加上司对你的好感。曾经有这样一个女人，她到了一家销售公司做销售员。为了显示自己的敬业，在上班的第三天，她就给销售经理打了一份详尽的市场分析报告，希望以此来博得上司的好感。然而，让她想不到的是，销售经理不但没有对她的这种做法表示欣赏，反而说她不务正业，把心思全放在了做表面工作上。这让她感到很伤心，因为那份报告的确花费了她很多心血。

其实，并不是说她写市场分析报告的行为有错误，而是因为她遇到了一个喜欢当面倾听问题情况的上司。那位上司一直都推崇“实干主义”，对这种书面的东西一向反感。因此，当那个女人拿着一大堆文字的东西去烦他时，他才会大发雷霆。

因此，一定要了解上司的行事风格，这样才能首先得到上司的肯定。反过来说，如果你的上司是那种循规蹈矩的人，喜欢别人给他呈上一份正式的书面材料的话，那么你就该制作一份精美的报告递给他，而不是在那里唠唠叨叨，让他觉得你是个只说不干的人。

上司可以分以下几类：

第一种：权威型上司。

这类上司往往自尊心很强，非常希望得到下属的认可。他们最乐衷于做的事就是时时刻刻教育自己的下属，从而满足他们的虚荣心。面对这种上司，首先要考虑的不是如何做好你的工作，而是如何满足上司的这种心理。你不需要把自己的工作做得非常完美，而是要寻找工作中所出现的问题，然后向上司请教，请求他帮助你解决问题。这样一来，你的上司就会觉得你是十分佩服他的，所以就会对你刮目相看。有人抱怨说，为什么很多时候那些并没有出色工作能力的人总是得到提升，而自己却永远得不到机会？其实，很多时候就是因为那些人懂得如何满足上司的这种心理。

第二种：急躁型上司。

这类人的思想非常激进，以效率作为衡量一切的标准。他们所欣赏的是那些雷厉风行、风风火火、精明强干的职员，所以如果做事拖拖拉拉、慢条斯理的话，就很容易招致他们的反感。此外，这类上司还有一个很有趣的特点，那就是如果你在工作上出现错误，他不一定会责怪你；相反如果你做事消极，则一定会遭到严厉的批评。

第三种：外表冷漠型上司。

这类上司往往给人不可亲近的感觉。他们外表冷若冰霜，但内心却是极其热情。因此，遇到这类上司时，千万不要被他的外表吓退，而是应该大胆与他们接触，用你的真情融化他冷酷的外表。

第四种：心机颇深型上司。

这类上司往往外表给人一种很亲切的感觉，而且从来不会对员工发脾气，对每个人永远都是笑呵呵的。千万不要被这类上司的外表所迷惑，他们很有可能是笑里藏刀。如果麻痹大意，在无意中得罪了他们的话，那么有一天你很可能会莫名其妙地被赶出公司。

第五种：反复无常型上司。

这种类型的上司往往十分情绪化，喜怒无常，使得下属不知如何是好。其实，这类人往往是心地善良的，只不过是由于难以控制自己的情绪才让人觉得不知所措。不过，这类上司往往在性格上十分敏感，非常在意别人对他们的看法。因此，在与他们相处时，一定要格外小心。当他们心情高兴的时候，你不妨和他们开一下玩笑甚至提出要求。可是，如果在他们的心情很糟的时候，你最好少惹他们为妙。

认真做好每一件事

阿基勃特是美国标准石油公司的第二任董事长、洛克菲勒的接班人。最初的时候，阿基勃特不过是标准石油公司的一名小职员。由于工作上的需要，他经常会到各地出差。阿基勃特有一个习惯，那就是当他出差住旅社的时候，总是要在自己所签名字的下方再写上“标准汽油，每桶四美元”这样一句话。同时，他不管是在写信或是写收据的时候都会这样做。时间一长，他就被同事们称为“四美元一桶”，而他本来的名字反倒被人忘记了。

这件事情被公司的董事长洛克菲勒知道了，他高兴地说：“真的没想到，在我的公司居然还有这样一个时刻想着努力宣传公司声誉的职员。这真是太好了，我一定要见见他。”于是，阿基勃特和洛克菲勒有了第一次晚餐经历。

后来，阿基勃特凭借自己的努力终于赢得了洛克菲勒的信任，成为第二任董事长。当我采访已经退休的洛克菲勒时，他对我说：“我也不知道怎么了，但我当时就喜欢上这个小伙子了。的确，一个偌大的标准石油公司每天都有很多的大事需要处理，但我们应该知道，这些大事都是由各种各样的小事组成的。事实上，只有能认真完成工作中每一件小事的人，才能最终做成大事。也许，正是因为阿基勃特身上有这种品质，才让我最终选择他作为接班人。”

一般人无一例外地都会把在签名的时候署上“标准汽油，每桶四美元”看成一件小事。的确，这件事微不足道，而且也并不是阿基勃特的分内之事。但是，他做了，而且也非常认真地做了，并且把这件小事一直都坚持下去。我想，在当时的标准石油公司，一定有很多比他能力强的人。不过，那些人大都加入了嘲笑他的队伍，而并没有学着他去做。当然，最后成功的是阿基勃特。

每一件工作都是由无数件小事构成的，切不可对工作中的小事采取敷衍甚至轻视的态度。全美最大百货公司的拥有者安吉利·达斡尔曾经说：“工作中没有小事。那些所谓的成功者其实和普通人一样，每天都在做着一些简单的小事。他们之间唯一的区别就是，成功者从不认为他们现在做的是简单的小事。”

在生活中，很多在职场拼搏的女人都不懂得小事的重要性。在她们看来，只有工作中的大事才能让她们获得成功，因为一件大事就代表着一个大的成就。相反，那些“鸡毛蒜皮”的小事则根本不需要引起注意，因为没有人会把眼光放在那些小成就上。其实，这种想法是非常错误的，因为一件小事往往更能体现出一个人对待工作的态度，也更能体现出一个人的工作能力。

玛丽在一家餐馆做服务员，和其他人一样，她每天都过着枯燥、乏味和无聊的生活。对于其他服务员来说，她们工作中的大事就是小心谨慎地记录下客人所点的菜，然后准确地将这些菜送到每一个餐桌上。至于别的，她们根本没有考虑过。可是，玛丽却和她们不一样。她每天除了会把那些“大事”做好之外，还注意认真做好一件“小事”，那就是不忘给每一位客人送去一个甜甜的微笑。就这样，玛丽在工作的时候结交了很多朋友。

后来，玛丽辞去了服务员的工作，自己开起了餐馆。因为玛丽在以前就很受人们喜欢，所以她的生意非常好。有人曾经这样说：“老实说，玛丽餐馆的东西并不是全镇最好的，可是她的微笑无疑是全镇最美的。我们到这里除了用餐之外，更主要的是想体会到那种美妙的感觉，这在其他餐馆是体会不到的。”

玛丽女士这种无意间的行为恰恰与希尔顿饭店的创始人——被称为世界旅馆业之王的康尼·希尔顿不谋而合。希尔顿也十分注重工作中的小事。在一次工作例会上，他曾经和他的员工说：“我希望大家能够永远牢记，不管在什么时候，我们都不可以将自己心中的烦恼挂在脸上！不管我们的饭店遇到什么困难，我都希望看到你们的脸上挂着微笑，那对于顾客来说就是明媚的阳光。”正是这不起眼的微笑，才使得希尔顿饭店遍布世界每个角落。其实，一件大事本来就是由无数小事组成的。

反省一下自己，看看自己是不是此时正对那些小事感到厌烦，是不是被那些毫无意义的小事磨得提不起精神来？不要老是抱怨自己不能成功，也不要老是说环境没有给你成功的机会。往往是自己亲手葬送了很多机会，让一件件小事把自己拖入失败的深渊。工作中的确有很多枯燥、乏味、无聊的小事，但这就是你的工作。对于一份工作来说，是没有什么小事可言的。只有把每一件小事都认真地处理好，才能最终完成大事。

如果能够把每一件小事都认真地处理好，那么就代表着你们有了一种坚持到底的信念，有了一种踏实肯干的态度，也有了一种自发自觉的责任感。同时，小事有时候也代表了希望，能够激励你勇敢、坚强地面对现实中的困难。

很多女人参加工作并不简简单单地是为了解决生存问题。女人和男人一样，也有一颗事业心，也希望通过自己的努力闯出一片天地来。然而，不要一次次地浪费掉成功的机会。从现在开始，重视那些工作中的“小事”，并且认真地将它们做好。只要你能够做到这一点，那么成功就会离你越来越近。

成功的行为永远始于良好的细小的生活和工作习惯。这么做你不一定能够取得很大的成功，但一定会变得更加轻松、快乐。不管做什么事情，快乐才是最重要的，工作也是一样。

第八章

幸福没有捷径，只有经营

雄性化的女人失去了女性应有的温柔，失去了女人应有的魅力。女性气质的衰败是爱情和家庭的一大心理灾难。

——［苏］尤里·留利柯夫

高效率处理好家务

美国一家研究所曾经开展过一项名为“节省行动”的研究，研究结果表明，很多家庭主妇都有一个非常严重的缺点，那就是无法高效率地处理家务。女人不妨反省一下，你们是不是经常用十个步骤去完成一项只需五个步骤的工作？是不是经常会用六个动作来完成只需三个动作的工作？是的，很多女人都是这样做的，因为她们不明白，最简捷、最快速的办法其实就是最好的办法。举一个简单的例子，做早餐是妻子一项必不可少的工作。在整个过程中，你们是一次就把所有需要的东西从冰箱中拿出来，还是要往返几次来完成这项工作？第一种做法无疑会给你节省很多时间和精力。

至于说整理房间，同样也有很多好的办法来节省时间。你可以在家里很多角落里放上清洁所需的海绵和抹布，当然前提是不影响美观。比如，你完全可以在浴室里放上一块海绵，因为这样你就可以随时擦洗你的浴缸。这种方法远比那种平日不清扫，然后在星期天来一次集中大扫除的做法省力得多。如果你平时做了清洁工作，那么你就不会在一个星期的前六天里为星期天干不完的家务而烦恼了。

需要工作的女人没有那么充裕的时间处理家务。对于她们来说，完全可以在头天晚上收拾餐具的时候把第二天所需要的东西准备出来。这样一来，第二天早上的早餐工作就不至于那么紧张了。

愉快的心情也是高效率地处理好家务的一个先决条件。有些女人会在日常的家务工作中体会到很多乐趣，比如烹饪菜肴、打扫房间等。不管你有什么样的爱好，都应该保持下去，而且把它当成一种享受。

如果你真的喜欢一项工作，那么千万不要选择放弃。有时候，为了完成一些事情，必须以牺牲另一些事情为代价。但是，千万不要因此而牺牲掉那些本来非常有价值的事情。如果你能够使用简捷的方法去处理一些你很讨厌的工作的话，那么你就可以有一定的时间去做你喜欢的事情了。之所以要提高处理家务的效率，就是为了留出足够的空间来做一些更有益的、你更喜欢的事情。

喋喋不休是幸福婚姻的禁忌

托尔斯泰的作品在世界文学史上闪烁着耀眼的光芒。他本人的名望非常大，他的追随者数以千万计，财产、地位、荣誉，这些东西他都已经拥有了，而它们也都为美满幸福的婚姻奠定了基础。的确，在开始的时间里，托尔斯泰和夫人度过了一段非常幸福和甜蜜的生活。

由于一些未知的原因，托尔斯泰的性情发生了很大改变。他开始视金钱如粪土，把自己所有的伟大著作都看成是一种羞辱。他放弃了写小说，开始专心写小册子。他开始亲自做各种各样的工作，尝试着过普通人的生活，而且还居然努力去爱自己的敌人。

托尔斯泰的突然改变给自己制造了悲剧，因为他的妻子不能容忍他的这种变化。这位夫人喜欢奢侈的生活，渴望名誉、地位和权力，喜欢金钱和珠宝。然而，这一切，托尔斯泰都不能再给她了。因此，她开始喋喋不休地唠叨、吵闹，甚至当得知托尔斯泰要放弃书籍的出版权时，她居然把鸦片放在嘴里，威胁要自杀。

就这样，美好的婚姻被喋喋不休摧毁了。在托尔斯泰82岁那年，他再也忍受不了妻子的唠叨了。1910年10月，那是一个下着大雪的夜晚，托尔斯泰偷偷从妻子身边逃了出来。一位可怜的老人在寒冷的黑暗中漫无目的地走着，11天后，这位世界文学巨匠患上了肺病，死在了一个车站上。当车站人员问起老人最后的愿望时，托尔斯泰回答说：“请不要让我再见到我的妻子。”

托尔斯泰夫人终于为她的喋喋不休付出了代价，不过在最后她也明白了一切。临死前，她对孩子们说：“是我，是我，真的是我，是我害死了你们的父亲。”很可惜，托尔斯泰夫人明白得有些迟了。

其实，始作俑者之所以会唠叨，无非是想以这种方式来改变自己的丈夫，希望自己的丈夫能够变成自己想要的那种。可事实呢？古往今来，好像还没有一个妻子真的通过唠叨达到了自己的目的，相反她们给自己换来的都是苦果。

喋喋不休是幸福婚姻的大忌。不过只要你想改，还是完全可以把它克服的。参照下面的办法试一试：

1. 做丈夫的合伙人

你应该跟你的丈夫说，你已经下定决心改掉唠叨这个让人生厌的缺点了。你现在需要他的帮助，那就是得到他的监督。每当你开始唠叨的时候，那么你的丈夫就有权力对你进行处罚。

2. 学会把自己说过的话忘记

不管遇到什么事情，你都应该学会只说一次或是两次，最多不要超过三次。你必须做到这一点。

3. 用温柔的方式达到目的

不管你愿意不愿意，也不管你用什么方法，总之你都应该想尽一切办法采用温柔的方式达到你的目的。

4. 让自己拥有幽默感

幽默感可以让你保持良好的心情，当然也会让你的丈夫保持良好的心情。

5. 冷静地处理问题

发生了问题时，先不要说话，把它记在纸上。当你和丈夫都冷静的时候，再拿出来一起讨论。

6. 让自己感到骄傲

当你没有通过唠叨就达到自己的目的时，你应该对自己说："瞧瞧，××太太，你真了不起。"

别做婚姻的文盲

你们已经结婚几年、十几年甚至几十年了，但你们的婚姻依然在持续着。虽然偶尔会发生一些摩擦，但那也是不可避免的。你和你的丈夫都在为维持你们的婚姻做着努力，这是你们双方的责任和义务。然而，你们的婚姻幸福吗？你每天都过得非常快乐吗？可能很多人并不一定就可以很理直气壮地回答我说："是的！"

很多女人，特别是那些已经结婚很多年的女人，对待婚姻往往是一种"勉强"的态度。她们的婚姻没有激情、没有快乐，也没有新鲜感。对于她们来说，婚姻不过是代表着时间的推移，并没有其他任何意义。

导致这一现象产生的根本原因就是她们缺乏对婚姻有一个正确的、透彻的、清楚的认识。她们或是把婚姻看得过于浪漫，或是把婚姻看得过于理性。这就是所说的“婚姻的文盲”。

发现这类女性往往在对婚姻的认识上存在五大误区：

第一大误区：爱情就等同于婚姻。

阿尼在年轻的时候非常喜欢读言情小说，而且每每都被书中的情节吸引。她对爱情和婚姻充满了许多美好的憧憬和向往，非常希望能够过上书中所描写的生活。后来，她认识了达沃尔，一个风趣幽默的年轻人。在相处了两年以后，阿尼决定和达沃尔结婚。这是因为，一方面达沃尔很会讨阿尼欢心，总是会制造出一些阿尼意想不到的浪漫事情，这使阿尼终日都陶醉于爱情的甜蜜之中；另一方面，阿尼一直都对婚姻有着向往，所以她不想错过这次机会。在结婚的前一天晚上，阿尼整夜都没有睡着，因为她已经为自己婚后的生活编织了一个美好的梦。她梦见自己每天都和达沃尔一起缠绵。他们一起吃早餐、午餐、晚餐，还时不时地出去野炊。达沃尔对她非常好，时不时地送她一些小礼物。后来，他们有了孩子，一家人过上了幸福美满的生活……

然而，阿尼这个美好的梦在结婚后很快就被打破了。失去了婚姻的新鲜感以后，达沃尔不再像以前那样对她甜言蜜语，更不会准备什么礼物。此外，为了维持生计，达沃尔每天都做着早出晚归的工作，根本没时间陪她。后来，孩子出生了，但这并没有让阿尼感到高兴，因为照顾孩子是一件非常麻烦的事情。于是，阿尼对婚姻失去了信心，甚至开始怀疑自己当初选错了人。如今，阿尼每天还都生活在后悔、抱怨和唠叨之中。

是谁制造了这场悲剧？达沃尔？不，是阿尼自己。如果她不是把婚姻想象得过于浪漫，而是对婚后的生活有清醒认识的话，相信现实的婚姻也不会让她有如此巨大的反差感。这种类型的女人把婚姻看成童话，没有考虑到其中的现实成分。因此，一旦婚姻从童话回到现实中，马上就会引起这些女人的不满，继而导致婚姻出现问题。

第二大误区：婚姻不需要浪漫。

持有这种观点的女人大多是那些结婚很多年的女人。她们在对婚姻的认识上与上一种女人正好相反，是把婚姻看得太过现实。很多结婚多年的妻子都认为，丈夫和自己之间已经没有什么新鲜感可言，更不可能找到任何新鲜感。于是，她们放任婚姻枯燥、平淡、乏味地发展下去，也并不想为改变婚姻做点什么。

这类女性确实是认识到了婚姻的现实一面，然而却忽略了它浪漫的一面。虽然她们对现在的婚姻没有怨言，但并不代表这就是一段没有问题的婚姻。简单来说，她们的丈夫也许就和她们有着相反的看法。

其实，要想使婚姻浪漫一点儿并不是什么难事，有很多方法都可以采用。比如，妻子偶尔不妨奢侈一下，和丈夫来一顿烛光晚餐，或是在饭后挽着丈夫的手臂到公园里散步。如果有必要，即使是结婚很多年，妻子也可以尝试着和丈夫撒撒娇。虽然这看起来多少有些肉麻，但的确可以起到调节婚姻的作用。

第三大误区：一切都是他的错。

有的女人总是抱怨，抱怨丈夫的木讷，抱怨丈夫不解风情。其实有的男人并不是不想给妻子一段浪漫幸福的婚姻，而是现实的生活不给他们机会。为了维持整个家庭的生活，丈夫们不得不每天早出晚归，而且还要承受巨大的工作压力。这样一来，丈夫们就把大部分精力花费在养家糊口上，因此也就没有心思去考虑什么浪漫与温馨了。

女人不要把所有的错误全都推卸给男人，而应该试着去理解他们、体谅他们。既然他们没有精力制造浪漫，那么你们就应该主动一些。方法很多，或是提醒他们，或是干脆你们自己制造，总之不能将抱怨和牢骚挂在嘴边。

第四大误区：夫妻之间的沟通是多余的。

很多女性都有这样的错误认识，那就是夫妻之间的了解和沟通应该是在婚前的，婚后的夫妻只是生活而已，不需要沟通。其实这种想法是大错特错的。事实上，夫妻之间婚后的沟通更加重要。很多事实都告诉我们，夫妻之间缺乏沟通是导致婚姻出现问题的罪魁祸首。

一位两性心理学专家曾经说：“很多夫妻都忽视了沟通的作用，把沟通看成是一件多余的事情。他们有自己的理由，认为双方经过从恋爱到结婚很多年的相处，已经非常了解对方了，因此根本不需要进行沟通。然而，经过调查发现，夫妻之间能够做到真正相互了解最少需要五年以上的时间，也就是说在这五年时间里，夫妻之间都是在不断地进行摸索。因此，我一直都强调，夫妻双方要经常沟通，一定要把彼此内心的真实感受告诉对方，这样才能使婚姻生活幸福美满。”

第五大误区：夫妻之间应该是透明的。

这一点也很重要。很多女性都认为，爱情是纯洁的，两个人既然组成了家庭，那就不应该存在任何隐瞒。这种想法不应该说完全的错误，因为真诚是建立美满幸福婚姻的关键。然而，她们又忽略了另一点，那就是爱情也是自私的。有时候，善意的谎言对于保持夫妻之间的关系有着至关重要的作用。

以上五大误区虽然并不能涵盖婚姻中所出现的所有问题，但却可以反映两性相处中的大部分现实。女人一定不要再让自己做婚姻的文盲。

在生活的细节中体贴他

在现实生活中有很多妻子并不太重视生活中的那些细节。在她们看来，只要把大方面处理好，就一定能够让家庭幸福快乐，至于细节则不值 提。她们忽略了一个问题，那就是一段婚姻实际上就是由成千上万件的细节组成的。试想一下，如果忽略了所有的细节，那对于一个家庭来说将是多么可怕的灾难。一段婚姻的本质就是一连串细节上的事情。如果妻子忽视了细节的作用，那么就一定会和自己的丈夫发生矛盾。

爱因斯坦一生中经历过两次婚姻。他的第一任妻子名叫米利娃。米利娃也是个好姑娘，只不过是她更渴望从丈夫那里得到关爱。可是，既然她选择嫁给了爱因斯坦，那就必须把自己的位置摆在科学研究之后。然而她并不是。她只是对丈夫进行抱怨、不满、唠叨，当然更不会对爱因斯坦表示关心。最后，两个好强的人都到了忍无可忍的地步，只好选择了离婚。

后来，爱因斯坦又与爱丽莎结为夫妻。这可是位善解人意、体贴入微的妻子。她知道自己的丈夫需要搞科学研究，也明白丈夫需要她的关心和照顾。她从来不去干预丈夫的工作，总是默默地替丈夫搞好后勤，让丈夫能够安心搞研究。爱丽莎的举动让爱因斯坦感动异常，他总是会尽量抽时间来陪她。正是这种互相体贴才使得他们两个都过得幸福、愉快。爱因斯坦曾经这样说过：“以前我并不懂得应该在小事上体贴我的妻子，因为在我看来科学研究才是最重要的，那些小事都是女人应该做的。可是，我的爱丽莎通过行动让我明白，要想获得美满幸福的婚姻必须懂得互相体贴，而这种体贴要从小事入手。相对论是我发明的，但这里面却有爱丽莎一半的功劳。”

在日常生活中最能让丈夫感到亲切和温暖的事，正是妻子在小事方面所表现出的体贴。当你的丈夫在晚上拖着疲倦的身子回家的时候，你是否已经为他准备好洗澡用的热水？如果你的丈夫在公司被上司训斥了一顿，回到家显得心情非常烦躁的时候，你是否会默默地为他端上一杯热茶或是热咖啡？如果你做到了，那么你就已经成功了。如果你没做到，那么你就应该努力去做。

有人可能会说："我一直都在按照你所说的去做，可是我的丈夫却并不领情。"的确，她们是这样做了，可却是把自己定位成女佣或是咖啡馆服务员。她们会很不耐烦地问丈夫："我说，热水我早就已经准备好了，你怎么还不去洗？"或是"你要不要来杯茶？""快说你到底想喝什么茶？"任何一个心情烦闷的人都不会有心思去回答你所提的问题的。

没有爱情的婚姻是不幸福的，即使你拥有了金钱和权力。可是，如果作为妻子，你能够让你的丈夫在你细微体贴的爱情中获得自信和幸福感的话，那么你们的生活将会在精神境界上有很大的提高。

姚斯拉尔·科波夫拉加和他的妻子是一对令人羡慕的夫妇。姚斯拉尔是古巴的一名外交家，同时还是有名的象棋冠军。通常人们都知道，这种男人虽然在事业上取得了不小的成就，但是他们也往往有很多让人难以接受的习惯。就拿姚斯拉尔来说，他就是个固执得要命的家伙。不过，科波夫拉加夫妇生活得非常幸福，因为他们懂得互相尊重、互相关爱。事实上，正是因为科波夫拉加夫人在生活中做出了很多小牺牲，所以才使她的丈夫自觉地放弃了一些很固执的想法。

有时候科波夫拉加先生的心情会很糟糕，他总是习惯地坐在椅子上一言不发。这时，妻子总是会知趣地躲在一边，让丈夫一个人静静地待着，而不会选择用唠叨来激怒他。不过她不会走远，因为丈夫随时可能需要她。科波夫拉加先生喜欢待在家里享受生活，因此他的妻子就放弃了自己喜欢的跳舞。有时候，科波夫拉加先生还会对她所穿衣服的颜色或款式表示不满，她就会马上更换，直到丈夫满意为止。总之，科波夫拉加夫人为了自己的丈夫做出了很多牺牲。

那么，姚斯拉尔·科波夫拉加先生是怎样看待妻子的这些牺牲呢？他说："以前的我很不解风情，一直认为给妻子赠送诸如鲜花、纪念品之类的东西是一件非常可笑的事情，只适合年轻人。可是，有一次圣诞节，我忍不住买了一个礼物给我的妻子。虽然我知道这很幼稚，但我的妻子为我付出了那么多，我还是应该有所表示。你想象不到，当时我妻子简直兴奋到了极点。她对我说，她无论如何也想不到一向讲究实际的我居然会送给她礼物。从那以后，每逢节日或纪念日我都会送给她一件小礼物。虽然这些礼物都不是很昂贵，但是却足以让我的妻子高兴半天。"

要想让你的家庭保持快乐，那么就请记住这一原则：在生活的小细节中体贴他。

教育子女责无旁贷

当一对恋人相爱以后，他们最终会一起走进婚姻的殿堂，而且还必将会在不久的将来产生爱情的结晶。一个新生的婴儿并不仅仅代表了一个新生命的诞生，同时也是你们爱情的见证，还代表了你们的希望。正因为这样，抚养和教育孩子才成为了夫妻双方义不容辞的责任和义务。特别对于一个母亲来说，给孩子创造出一个最良好的成长空间，给孩子关爱，并在点点滴滴中关注他的成长，使他成为一个虽然不见得优秀但一定很健康快乐的孩子，并且能够给社会做出贡献的人。那么，作为一个女人，作为一位母亲，你就已经取得了最大的成功。

社会学家卢卡尔·帕门德曾经在一次演讲中说过："教育子女是母亲必须要履行的义务，同时也是能给母亲带来最高荣誉的事情。应该说，所有的母亲都会把自己的爱全部奉献给子女，而且这种奉献是无私的。如果一个家庭只有两块面包的话，那么母亲一定会把一块留给自己的丈夫，另一块留给自己的孩子。"

的确，母性是世界上最伟大的，也是最能彰显人性的。一个女人可能自私、自利、吝啬、贪婪，甚至邪恶、狠毒，但她绝不会虐待自己的孩子。对于她们来说，孩子甚至比自己的生命都要宝贵。然而，每一个母亲的权利和义务都是通过两方面来体现的：一方面是抚养，另一方面是教育。然而，有很多女人都把主要精力放在了抚养孩子这一面上，从而忽略了教育孩子的重要性。

美国青少年家庭董事会秘书华兹先生曾经在一次讨论会上说："青少年缺少家庭的教育，特别是来自母亲的正确教育，是导致他们犯罪的主要原因之一。"

美国青少年犯罪研究专家迪勒斯·卡布克说："大多数青少年犯罪者都缺乏良好的家庭教育，这和他们的母亲有着重要的关系。据调查，如果母亲是个吸毒者，那么他们的孩子要远比那些非吸毒者孩子染上毒瘾的几率大得多。如果母亲疏于管教，那么这些孩子将非常容易走入歧途。此外，我曾经对500个来自单亲家庭的孩子进行过调查，发现失去母亲一方的孩子很容易沾染上各种恶习。因此，我一直都强调，教育子女是母亲责无旁贷的事情。"

可能有的女人会说："这不公平，教育孩子应该是夫妻双方的事情，凭什么把所有的责任全都推到母亲身上？难道做父亲的就没有教育子女的责任吗？"是的，父亲同样也有教育子女的责任，但那不是我们这本书要讨论的问题。此外，与父亲比起来，母亲有很多的优势，所以能够更好地教育孩子。

首先，我们经常会听说某个男人为了自己享受而抛弃了妻子和孩子，却很少听说有女人会轻易地抛弃自己的孩子。有句老话："虎毒不食子。"与男人比起来，女人更疼爱自己的孩子。

这并不是说女人天生就比男人善良，而是因为每一个女人都有天生的母性。

其次，大多数孩子与母亲在一起的时间要远远长于父亲。这样一来，对孩子影响最深的莫过于母亲。曾经有人做过一项很有趣的实验，对100对母子做了调查，发现他们之间有着惊人的相似之处。比如，母亲常把“听我说”作为口头禅，那么她的孩子也总会把这句话挂在嘴边；母亲总是习惯在紧张的时候挠头，那么她的孩子十有八九也有这样的习惯；如果母亲是个小偷，那么她的孩子也会在那一区小有名气……可见，母亲对孩子的影响是非常大的，而这一切主要是因为母亲与孩子相处的时间比较长。试想一下，一位母亲在不经意的情况下都能对孩子产生如此大的影响，更别说是有目的地进行教育了。因此，母亲比父亲更有优势。

最后，由于生理和心理上的特点，女性与男性相比较心思更加细腻，这对于教育孩子来说是非常重要的。孩子由于心智不成熟，所以很难对所遇到的事情做出正确的判断，这就需要父母耐心地教育和开导。然而，大多数男人都没有很好的耐性，总是在尝试几次后就选择放弃。而女性则更容易接受眼前的现状，并且不厌其烦地对孩子进行教育。此外，在孩子心理尚未成熟的时候，如果没有人能够耐心地对他进行教育的话，那么很容易让他对事物有错误的认识。因此，与男人比起来，女人在教育孩子方面优势更强。

在教育问题上，女人除了有热情外，还要用理智的头脑去看待。

母亲对孩子的影响是很大的。如果一个母亲没有较高的修养和素质的话，那么就不可能指望一个孩子会有。因此，母亲在平时与孩子相处时，要非常注意自己的一言一行，因为那很可能成为孩子们模仿的对象。退一步讲，即使没有那么高的修养和素质，那么你们在孩子面前也必须装出来。

对孩子严厉是一件好事，因为孩子的自制力往往很差。然而，严厉也需要有个度，如果超过这个极限，那么就很容易让孩子感觉不到家庭的温暖。时间一长，孩子们很容易产生逆反心理。

当然，对孩子过分纵容也不是一件好事。有一些母亲过于疼爱孩子，甚至到了溺爱的地步。无论孩子有什么要求，她们都会想尽办法满足。虽然这样做的确能够体现母亲对孩子的爱，但是却容易让孩子养成骄横的性格。

还有一些妈妈喜欢用体罚作为惩罚孩子的手段，这是最不明智的选择。的确，对于孩子来说，皮肉之苦也许比心理上的痛苦更可怕，但那也同样会给孩子留下心理阴影。事实上，只有那些最无能的母亲才会选择体罚，因为这种方法很直接也很有效，尽管它对孩子的身心健康有害。

最后一点，只要妈妈们充分将自己心中的母性发挥出来就足够了。不过，这种关怀要掌握两个原则：第一，是在细节中体现关怀，因为孩子们往往会对一件很小的事情印象深刻；第二，一定要掌握关怀的火候，这是因为很多妈妈过于“关怀”孩子，结果使自己本来的好意变成了唠叨和啰唆。